你想要的，
时间都会给你

一颗丸子 ——— 著

北京时代华文书局

图书在版编目（CIP）数据

你想要的，时间都会给你 / 一颗丸子著. — 北京：北京时代华文书局，2019.12
ISBN 978-7-5699-3411-3

Ⅰ.①你⋯ Ⅱ.①一⋯ Ⅲ.①成功心理－通俗读物 Ⅳ.①B848.4-49

中国版本图书馆CIP数据核字（2019）第300322号

你想要的，时间都会给你
NI XIANGYAO DE，SHIJIAN DOUHUI GEINI

著　者｜一颗丸子

出 版 人｜陈　涛
选题策划｜王　生
责任编辑｜张彦翔
封面设计｜仙　境
责任印制｜刘　银

出版发行｜北京时代华文书局 http://www.bjsdsj.com.cn
　　　　　北京市东城区安定门外大街136号皇城国际大厦A座8楼
　　　　　邮编：100011　电话：010-64267955　64267677

印　　刷｜三河市冠宏印刷装订有限公司　电话：0316-3650999
　　　　　（如发现印装质量问题，请与印刷厂联系调换）

开　　本｜889 mm×1194 mm　1/32　印　张｜8　字　数｜183千字
版　　次｜2022年8月第1版　　　　印　次｜2022年8月第1次印刷
书　　号｜ISBN 978-7-5699-3411-3
定　　价｜39.80元

版权所有，侵权必究

自序

大家好,我依然是一颗丸子。

对于我的笔名,很多读者都有着疑问:有什么含义吗?

其实,这个笔名来源于五月天的一首歌——《一颗苹果》。我很喜欢里面的几句歌词:"活着不多不少,幸福刚好够用。活着其实很好,再吃一颗苹果。"把苹果换成了丸子,是因为我曾经的笔名太生僻,总是被叫成谐音"丸子",反正也挺可爱的,索性将错就错了。

所以,希望我这"一颗丸子"的文字,能够让你们感受到美好和幸福。

第二本书让大家等了这么久,真的很抱歉。

因为身体原因拖稿了一年,后来出版时也遇到不少周折,所幸,这本书终于在大家的千呼万唤中出炉了。

谢谢大家的耐心等待!

等待真的是一个很浪漫的词汇。《寻梦环游记》里说:"死亡不是生命的终点,遗忘才是。"能够被记得、被等待,大概是世界上最幸福的事情了吧。

能够让一个人愿意花时间去等待的,对他来说,一定也是重要的吧。

这两年来，我收到过不少私信。

虽然有时候力不从心，但还是尽我所能给大家意见。

其实，我跟你们一样，同样面临着属于自己的难题。

只是阶段不同，烦恼也各不相同。

转眼在北京的时间已有四年了，生活仍没有达到自己满意的状态。人生计划偶尔也会受到情绪和身体的拖累，进度缓慢，内心也难免焦躁不安。

有些人突然离开这个城市，选择回家安稳度过一生。我虽然是个极度安静的人，骨子里却离经叛道地喜欢北京的繁华。朋友说，北京这个城市太残酷了，根本没有普通人的立足之地。可就算这样，我也想努力拥有哪怕一席之地，在喜欢做的事情上发光、发热。

心中有梦，便可以永远年轻，永远热泪盈眶。

有人说：我不知道自己的方向在哪里。

我想说：我不是年少有为，曾经的我也是一个失败者，成绩作为乏善可陈，在宿舍里刷着无聊的肥皂剧，马马虎虎应对各种课程和考试，不知道自己将来想要做什么，也不知道自己能够做好什么。

后来因为偶然的机会，我的文字得以被更多的人看到。

之后，每次的顿悟都是后知后觉，如果我能早一点开始，或许就能早一点接近梦想。

但人生没有平白无故的捷径，有些经历看似无用，但实际都是对未来的积累。

青春年少不是碌碌无为的理由，最怕的不是失败，而是什么都不做。

年轻最大的资本就是时间，所以，为什么不在有限的时间里尝试更多精彩的事物呢？

不要等你意识到梦想可贵的时候，却失去了追梦的勇气。

陪伴是最长情的告白。

我已经在路上，我想邀请你，放下所有的迷茫，和我一起前行。

答应我，我们要一起变好。

一颗丸子

目 录

Part 1　我永远不会对生活求饶 … 001

　　控制得了情绪，才能控制住人生　/ 002

　　多一分认真，人生就多一种可能　/ 008

　　不甘于平庸，你得有过人之处　/ 013

　　穷不可怕，怕的是懒惰让你一文不值　/ 019

　　抛弃你的从来不是同龄人，而是虚荣心　/ 025

　　成长，是从认清自身价值开始的　/ 031

　　"强行乐观"毁掉的，不仅仅是你的判断力　/ 038

　　生活要有不认命的勇气　/ 043

Part 2　谁也夺不走我做梦的自由 … 051

　　人是怎样一步步废掉的？　/ 052

　　年轻人应该先攒钱还是先生活？　/ 058

　　成功取决于你自身的能力，还是你依附的平台？　/ 062

　　高级感的人生，如何进行"断舍离"？　/ 068

　　不要让别人告诉你，你成不了才　/ 074

　　总是做能力范围之内的事，永远不会进步　/ 080

Part 3　热爱可抵岁月漫长 … 087

　　什么时候你会觉得无能为力？　/ 088
　　你打算什么时候离开北京？　/ 093
　　为了那些不能放弃的，我们都放弃了什么？　/ 100
　　人生不打没有准备的仗　/ 106
　　年轻，最大的资本就是不怕失败　/ 112
　　梦想的对立面不是现实，而是自己　/ 117
　　每一个优秀的人，背后都在偷偷努力　/ 123
　　或许这个城市残酷，同时也是她的慈悲　/ 129

Part 4　做一个善良的聪明人 … 135

　　心存良善，但更应懂自保　/ 136
　　不要让自己的路越走越窄　/ 142
　　最好的关系不是主动麻烦，而是主动给予　/ 148
　　世人皆苦，而努力的人把苦熬成甜　/ 154

Part 5　我只是想更懂你 … 161

气哭父母的孩子长大了吗？　/ 162

你要自由，但不能让父母为你埋单　/ 167

在你们的"责备"中长大了，我还是不知道自己做错了什么　/ 173

时间都去哪儿了？　/ 179

我不怕这世界给予我的伤害，只怕有一分是来自你　/ 185

Part 6　喜欢你真好 … 191

你的孤独是一座花园　/ 192

喜欢你的人才会陪你玩这种幼稚的童话梗啊　/ 198

先说爱的人输了吗？　/ 204

我真的好喜欢温柔的人啊　/ 209

我喜欢的人会发光啊　/ 215

喜欢上一个优秀的人有多幸运？　/ 224

只有知道自己想要什么，才能活成自己喜欢的样子　/ 229

彩蛋　想给你讲讲我喜欢的人的故事 … 235

少年回头望，笑我还不快跟上　/ 236

Part 1
我永远不会对生活求饶

壹

控制得了情绪，才能控制住人生

推荐音乐：Alan Walker《Different World》

情绪，是对一系列主观认知经验的统称，是多种感觉、思想和行为综合产生的心理和生理状态。

一个人是否成熟，取决于他是否能控制好自己的情绪。情商并不是感情商，而是情绪商。情商高的人，情绪方面往往有着较强的控制能力。不是每个人都能意识到情绪带来的负面影响，而情绪上的冲动，令很多人深受其害。

01

朋友大半夜打电话来向我诉苦，说自己实习第三天就被领导训话了。

在我的询问下，她叙述了事情的经过：领导推荐了几张微信名片给她，交代她和这几位客户沟通一下，是否能进行品牌合作。朋友顺利地加了微信好友，简单作了自我介绍，并说明来意。

但其中有位客户每回复一句都需要大概两三天的时间，可对方却频频在发微信朋友圈。她气愤不已，认为对方的态度极其敷衍且有失礼貌。不论双方是否能够合作，及时沟通是最基本的尊重。在最后一次发送消息，而整整两天都没有得到回复后，她直接把对方删除拉黑了。

第二天，领导把她叫进办公室，劈头盖脸一顿数落："如果你觉得一件事情很重要，完全可以跟对方电话沟通，或者见面商议。很多人每天都有成百上千条消息要看，凭什么你觉得要第一时间回复你的消息？还有，对方给我看了你们的聊天截图，基本是一问一答。如果你能够事无巨细地把合作事宜整理成一个具体方案发过去，是不是沟通起来就方便多了？可你呢？沟通不顺就直接把人家拉黑了。对方会怎么看待我们？"

听完整件事情的来龙去脉，我表示："你这种处理方式确实过于任性了。"

朋友懊悔不已："如果当时我能控制自己的情绪该多好。"

因为一时冲动，朋友的实习期被延长了。如果她能深思熟虑，不让情绪轻易左右自己的思想，或许就能避免这个错误。

02

都市剧《北京女子图鉴》里，女主角陈可也因为情绪处理不当造成了工作失误。

陈可约见的客户因为堵车迟到了两个小时，因此耽搁了她晚上原定的时间安排。她满脸不耐烦，控制不住自己暴躁的情绪，叮嘱助理继续商榷合作细节，转身要走。

她甚至毫不留情地指责对方："我们约定的时间是下午六点，现在已经晚上八点了，您迟到了整整两个小时，迟到非常不礼貌。另外，我后面的客户也很重要。"

对方也振振有词："您如果八点有事，又何必催我大老远赶过来？我们可以改天再约，我也可以留出时间来陪我母亲。您这么处理问题，是要被投诉的。"

陈可的任性妄为，让公司失去了一笔生意、一个重要客户，更失去了自己的职业操守，领导对此大发雷霆。

虽然事后陈可买了鲜花去看望客户生病在床的母亲，并真诚道歉，但对方已经向总公司提交了工作汇报，并把她们公司列入了两年内的黑名单。

结果，陈可被扣了两个季度的奖金。事后，她也终于恍然大悟：不是所有的错误都可以被原谅，不是所有的失去都可以再回来。

或许她早已忘了当年那个为了广告植入的合作,不辞辛苦地给对方全组人买咖啡的自己。那时的她,淡定从容,谦卑智慧。

我们在世间生存,一意孤行、肆意而为是行不通的。世上所有的不利状况,都是由于当事人的能力不足造成的。

03

如果遇事便任由情绪发泄,你就输了。

很少人能够做到遇事临危不乱,但当情绪受到刺激时,如不加以控制,思维就会变得混乱不堪,行为也会脱离理智的范畴。

良好的情绪事半功倍,坏的情绪于事无补,甚至会让当前的情况变得越来越糟。

在电影《三块广告牌》里,主人公米尔德雷德的女儿外出时惨遭奸杀。米尔租下了高速公路边上的三块巨型广告牌,在上面控诉警方办案无能,并将矛头直接对准了警察局局长威洛比。警官狄克森认为是米尔在广告牌上的污蔑导致好友威洛比自杀身亡。于是情绪失控的他把广告公司的负责人从二楼窗户扔了出去,还烧掉了那三块广告牌。米尔满心怨恨,作为报复,一气之下烧了警察局。最后,狄克森拿到威洛比给他留下的信,信中威洛比劝诫他:所有的这些愤怒,只会招致更多的愤怒。

当人的情绪被放大时，往往会失去理智。我们第一时间是要冷静下来去寻找真正解决问题的办法，而不是不计后果地向他人宣泄。

安妮因为和男朋友吵架，心情极度糟糕，一整天，即使是和同事们说话，也是满脸阴郁，态度恶劣。部门开会的时候，因为有同事对她的方案提出异议，她便觉得同事有意针对，顿时脸色大变，争论变成争吵。其他人面面相觑，会议不欢而散。

原本安妮这个月有机会晋升，但经理认为，一个连自己情绪都控制不住的人，没有足够的能力管理他人。纵使她的能力再强，心中没有一个大的格局，也无法担负重任。

04

很多人都在情绪爆发、酿成恶果之后后悔莫及：如果没有一时冲动就好了。但人生哪有那么多可以重来的如果？

坏情绪会传递给你身边的人，久而久之就会给人留下鲁莽冲动的印象。没有人愿意和一个情绪不稳定的人相处，因为无形之中会给人际关系徒增不和谐的负担。

有人认为控制情绪等于忍气吞声，殊不知忍耐才是人生的最高境界。情绪失控不但容易自食其果，而且还会连累他人。

那么，我们应该如何控制情绪呢？

一是遇到问题，不要纠结于问题本身，应努力思考解决方法。问题引发的不良情绪尽可能自我消化，或者在不影响他人的前提下用其他适当方式发泄出来。

二是没有人有义务为你的坏情绪埋单，在你的情绪爆发之前，先想一想情绪失控后的恶果，再努力控制自己的情绪，不要逞一时之气。

三是不要对每件事都持过高的期望，也不要妄想所有人都会按照你的意愿行事。他们不是有意针对你，只是每个人的想法各有不同而已。多元化的世界，拥有无数种可能性。

你没有能力控制世界，但你可以控制自己。控制好你的情绪，才能有更广阔的人生。

多一分认真，人生就多一种可能

推荐音乐：David Guetta/Sia《Flames》

01

朋友去应聘一家公司的总经理助理时，吃了闭门羹。公司放弃了她这个"211"重点大学的本科生，却录用了一个普通大学的专科生。

细问过程，我才明白了其中缘由。

面试官为她们安排了一道实践考题：现场演绎通知几个合作方来参加共同的项目会议。

朋友打电话给对方，言简意赅地交代了会议的具体时间和地点。而另一个面试者呢？除了打电话，还给每位被邀请的人员发送了邀约短信，并且细心地提醒这个时间段比较堵，如果开车过来的话最好提前出发，还为对方规划了一条路况较好的行车路线。

当朋友心有不甘地询问自己落选的原因时，HR告诉她：很多来面试的新人自恃傲物，觉得高学历具有绝对优势，但在工作中更重要的是谁的能力更胜一筹。一项工作不是只要完成就可以了，那个女孩的认真周到说明工作中她会多为客户考虑，足以让对方感受到我方的诚意和重视，会进一步促进长期合作关系。

大多数人的做事习惯，都是差不多就好了，但细节里往往反映了你对待事情的态度。你的出色，不仅仅因为你做到了别人没做到的事，还因为同一件都会做的事，你做得更好。

当我们抱怨这个世界不公平时，不妨先想一想你是否投入了十二分的认真。

02

电视节目《圆桌派》里讲到一个观点：我们要做一个优秀的普通人。

所谓优秀的普通人，就是无论你处在什么位置上，都要尽可能地在每件事情上多一分认真。

梁文道老师讲述了他多年前住酒店的经历。大家觉得来酒店打扫房间的清洁工从事的是一种非常基层的服务业工作，但就是在这种看似平凡的工作里，我们也能够判断出人和人是不同的。

很多酒店的服务人员都会把床上的被子折进去，而其中一位工作人员注意到了他的习惯，看到他总是把它拉出来，之后就再也没有帮他折过，而是平平地把被子铺好。

几年之后，他再回去住这家酒店的时候，当初那位负责打扫他房间的员工已经成为整个客房部的主管。

每个人都希望自己的问题被认真对待，所以都愿意和一个为人处世面面俱到的人相处，因为这样的关系既省时又省力，更不需要你花费更多的时间去善后。每个人都有自己的性价比，这里的价格代表对方雇用你的薪水或与你沟通的时间成本，而性能则代表了你的能力，是否与之匹配也就决定了你的社会价值。

人生就像一份试卷，或许令你马失前蹄的，就是你平时疏于在意的。那些你认为无关紧要的，恰恰可能成为你的机遇。相同的问题，有的人草草了事、心不在焉，而有的人心无旁骛、一丝不苟。显而易见，第二种人才有机会成为真正的赢家。

拥有认真态度的人，好比一块璞玉，总会脱颖而出。相反，每件事仅仅以完成为目的，敷衍了事的人，又怎么可能得到他人的信任呢？

03

日剧《逃避虽可耻但有用》里有这样一段故事：实栗在经历公司裁员后，无意间经父亲介绍暂时在一家公司从事家政服务工作。

雇主说，之前家政公司的工作人员总会把他本该丢掉的东西又摆回桌子上，他很不喜欢，但是反馈了这个情况之后，再次派来的人还是粗枝大叶，打扫也不认真，结果换了再换。

实栗的工作让雇主无可挑剔，并且在工作范围内，她每次都会多打扫一个地方。雇主有一天打开窗户，觉得视线明亮，心情很好。他这才意识到，原来实栗擦窗户的时候还顺便擦了纱窗。

实栗能洞察到雇主讨厌什么，不会在意什么。有时候，她还会在便利本上井井有条地向雇主说明有哪些物品要用完了，有劳您准备了。

对实栗来说，这只是一份临时工作，每周一次，三个小时，换算成月薪的话，也只有24 000日元。即使是继续从事这份工作，也无法实现她的人生愿望，然而为什么她还要如此努力地工作呢？

她说，就算这些努力没人注意到，她还是觉得努力才是最重要的，这就是专业态度，是她的工作作风。

如果你经常审视自我与他人的差距，那么这些差距产生的原因就显而易见了：一部分人在想如何做完一件事，而另一部分人在想如何做好一件事，态度决定了你能够走多远。

就像肖骁在《奇葩说》里说的那样："认真的意义，在于你可以给自己一个交代。"当认真成为你的一种态度，也就是你变得优秀的开始。

04

我记得自己曾经做实习生的时候，主管让我们搜集一些关于选题的资料。

我们在网上搜索了很多相关内容，打印装订后就上交给了主管。之后，在讨论会上主管给我们看了其中一个实习生女孩上交的资料，装订井然有序，每一部分的内容都被便笺纸隔开并标注了重点，另外，资料里有错误的地方，哪怕是一个错别字，她都会用签字笔认真批注改正。这些细节上的差距，令我们其他人都沉默了，心服口服。

女孩说以前在大学的时候，学生会经常需要制表和编辑文档，慢慢地，也就养成了一种习惯。

你总是对所谓的小事不以为意，但这恰恰体现了你万里挑一的价值，比他人多一分认真，就可以成为人生的加分项。

那次实习经历使我受益匪浅，不管是一份工作还是一段人际关系，认真的人，更有可能得到机会和青睐。

你给其他人发送地址或一些信息时，或许会直接截图；在开会的时候，忘记把手机调成静音；向别人提出问题时，从来不多说一句"请问"或者"麻烦了"……但正如我认同的陈可的那句话："所有你糊弄的、你不重视的，不论多微小，都将作用在你的未来。"

多观察，多思考，多一分认真，会让你的人生之路更加宽广。

不甘于平庸，你得有过人之处

推荐音乐：周杰伦《蜗牛》

01

我仍记得去苏芒的时尚集团面试实习生的那天，在世贸天阶前，我仰望着这座大厦，内心激动而忐忑。

那时候，我还是即将毕业的穷学生，穿着一身叫不出品牌的衣服，看着身旁背着香奈儿、路易威登、爱马仕等各种奢侈品包包、妆容精致的白领匆匆而过，在这繁华的琼楼玉宇之间的我显得格格不入。

面试的人们乌泱乌泱地挤满了整个大厅，我四下环顾了一圈，猛然意识到一个尴尬的问题：除了一个男生，只有我一个女孩是素颜出街，说好听点是保持真我，但对于对时尚极其敏感的人来说简直就是太邋遢了。

在《时尚COSMO》《时尚芭莎》和《芭莎男士》的负责人

各自介绍了部门概况和招聘需求之后，我们按个人喜好来选择部门进行面试。

算上我，选择《时尚COSMO》的人有十几个，竞争强度真心不小。抱着来玩玩的态度，我已经预感到了自己和其他人的实力差距。

果然不出所料，一个来自中国传媒大学广播学院的女孩，学历上占据了绝对优势。又一个专业是服装设计的女孩，来之前就已经准备好了时装作品集。又一个女孩就自己对各个大牌的认知和看法侃侃而谈，而那个时候除了最常见的四五个大牌，我根本不知道菲拉格慕、思琳、杜嘉班纳这些是什么。最后还有个男孩，一有时间就会看大牌时装周的走秀视频，还很不好意思地说自己看完了维密内衣秀全系列。

最后，我对自己的面试结果已经了然于胸了。我没有一项可以胜过他们的长处，所谓的英语六级成绩在一个经常在走秀片场和外国人流利对话的妹子面前，简直是小巫见大巫。

02

上学的时候，我们常常抱怨老师偏心，为什么学习好的学生即使早恋也可以视而不见，可学习差的学生抄个作业就是十恶不赦。

就这样，我们将这种叛逆从学生时代带到了青年时代。过去我们怪老师、怪学校，如今我们怪公司、怪社会。

有人不停地抱怨着生活的各种不公平，感叹自己运气不佳、怀才不遇。进入公司两年却没有涨一分工资，没有升一次职，为什么？

因为我们总是喜欢拿自己的长处和别人的短处比，却从来不反思自己有什么资格可以在优胜劣汰中取胜。

韩寒谈自己当年的退学事件时说："退学是一件很失败的事情，说明我在一项挑战里不能胜任，只能退出，这不值得学习。值得学习的永远是学习两个字本身。学习两个字，不分地点与环境，是一件终老要做的事情。我听到有人美滋滋得意扬扬地说，韩寒，我学你退学了。我不理解，我做得不好的地方有什么好学的呢？为什么不去学我做得好的地方呢？"

有人给李想留言，为什么你的公司招聘学历要求那么严，你李想不也没上过大学吗？

李想说："如果能考上好大学找到好工作，我才不创业呢。正因为考不上好大学，也找不到好工作，所以我才创业的。如果你既找不到好工作，又不愿意创业，真不如好好地上学。"

有读者曾问我："你有没有向往的人呢？会不会为了成为这样的人而努力呢？"

我回答："有呀，当然会啊。"

她说："那岂不是成为另一个人的影子，没有了自己的特点？"

显然，不是这样的。没有人可以成为另外一个人，因为每个人都是不可复制的。我们欣赏一个人，一定是因为他的身上有发光点。我们所努力的，是努力和他成为一类会发光的人。我们一定要找到自己的过人之处，才能让自己在追梦的路上成为无可替代的人。

每个人的过人之处都是不同的，韩寒退学但他有足够支撑他生活的才华，可是你没有。李想学历低，但他有创业的决心和毅力，可你也没有。所以，你什么都没有，命运又凭什么要眷顾你呢？

03

最近重温美剧《破产姐妹》，麦克斯和卡洛淋这对姐妹为筹备开店资金而不懈努力：攒钱、卖掉心爱的马，以及做各种打扫卫生的兼职。

麦克斯从小家境贫寒，没有什么文化，也没有受过任何艺术熏陶，可她性格独立，还能做出美味可口的蛋糕。卡洛淋是天生的上层社会贵族名媛，衣来伸手饭来张口，家务活一塌糊涂，生活不能自理，可她却是实打实的高才生，精通财务等专业知识。

没有人是十全十美的，但你总要有一样可以体现自己价值的特质。这种价值不是你可爱、你善良与你努力，而是你的业绩比别人更优秀、更出色，你比别人更擅于交际，你的文案比别人更创新、更有趣。在职场中，"你有能力"比"你是个好人"的评价更重要。

娜娜是学IT的，毕业前她去一家互联网公司面试的时候，遇到了一个男生。

他学历不高，毕业于一个普通的专科大学，但他从高中就开始对代码产生了浓厚的兴趣。他买了一堆又一堆相关的图书，最终自学成才，还为学校更新了校园系统。

进入大学后，他跟着老师承接了数十个项目，积累了他人望尘莫及的项目经验。毫无疑问，他被择优录取了，而来面试的人当中，不乏211、985的高才生。

能力是什么？就是你比别人强的那部分。

04

有读者问我："我长得不漂亮，家境也不好，怎么办呢？"

我反问她："那你认为除了这些，你的优点是什么？"

对方回答："我感觉自己什么都不会，什么优点都没有啊。"

如果真是这样的话，我不禁为她捏了把汗。

财富、颜值确实是加分项，可这些东西的起点是我们无法改变的，如果没有这些先天条件，你就一定要先拥有一样可以超越别人的本事。在这个庞大的竞争体系里，如果你有的东西别人也有，甚至比你更多，那么这件东西对你来说就失去了光彩。

因为未来想做一名服装设计师，所以我才要舍弃周六日玩耍的时间，用来学习服装的相关课程，亲自设计并制作了一件又一件样衣甚至婚纱。因为喜欢文字，所以我从小到大的业余时间，大部分都用来读书和写文章，从而现在有幸成了专栏作者，签约了好几本书。

为什么这个时代要强调创新？因为创新是别人没有你才有的生产力。为什么这个时代要强调个性？因为"好看的皮囊千篇一律，有趣的灵魂万里挑一"。培养你的过人之处，才能有机会打败昨天的自己，赢得更闪光的明天。

穷不可怕，怕的是懒惰让你一文不值

推荐音乐：Conan Gray《Generation Why》

01

大学时，有个同学天天泡在宿舍里打游戏、睡觉，到处哭穷蹭吃蹭喝，甚至借钱去上网。整日不学无术、无所事事、不求上进。结果毕业的时候，女朋友分了，工作没找到，就连毕业证都没有顺利拿到。

很多人或许没有玩物丧志到这种地步，但总习惯把作业堆在假期的最后一天，在考试前一天临时抱佛脚，每次裸考都落得重在参与。

我们总以为时间很多，所以尽情放纵，虚度时光。可每当机会降临时，都会因为自己一无是处、一文不值而遗憾错过。懒惰，是让自己贬值的致命因素，大多数人都因此栽了跟头。

另一个同学，虽然家境贫寒但成绩优异，不仅多次获得国家奖学金，还在周末兼职家教，寒暑假她也把时间安排得满满的，给多家公司投送实习简历。还没毕业，她就被直招到了一家知名企业，薪水令人羡慕不已。

我曾经问她："为什么你有精力把每件事都完成得那么出色？"

她说："因为我不想一直穷下去。"

我们总是花时间为过去举行缅怀仪式，却不懂得把握现在，以至于永远在走下坡路。

02

同行的一位姐姐开设了一门写作课程，很多人慕名而来，争先恐后地报了名。过了一段时间，这个课程里交作业的人却寥寥无几。那些坚持下来的人大多签了平台，增了粉丝，挣了可观的稿费。而那些只想不做的人，只能向别人投去羡慕的目光，继续抱怨着自己的贫穷。

很多上班族的月薪除去房租、水电费、交通费和饭费，几乎分文不剩。我们扼腕叹息：房子租不起，车子买不起，孩子养不起，只能惆怅着、迷茫着、绝望着。

北漂们大多渴望把北京变成自己真正的家，可很多人都只能当个过客。每个人都努力地想在这里更好地生存下去，可还是有那么多人心安理得地任由懒惰把自己变成一具麻木的躯壳。

我也曾看着银行卡里那可怜的余额,怕自己生病,怕自己的手机、电脑突然坏掉,怕朋友的聚会邀约,因为我没有多余的钱去支付这些额外的费用。我很穷,却颓废又懒惰。明明可以用来读书的时间,可还是看了一晚的电视剧。明明可以每天抽出时间学习,可还是躺在被子里玩手机。明明需要花时间好好规划自己的人生,可还是懒于实践而醉生梦死。

微信朋友圈里,一个朋友升了职还休假去悉尼旅行了,好久不见的一个前同事居然已经开了公司,曾经和自己一起迷茫过的人不知什么时候已经月入百万。而自己呢,还是没有一点点变化。

《焦虑的中产》中有这样一段话:"贫穷对一个人来说并不可怕,可怕的是贫穷而不自知,穷而不思变,穷而安于现状,甚至认命;这样的人,往往被贫穷一生捆绑和纠缠,最后只剩下抱怨、不满和麻木。"

穷的确不可怕,可怕的是一直穷。大多数人明明都可以过得更好,但是却抵不过自己的懒惰,拖一时而毁一世。

我们下过很多决心,却总是三分钟热度。因为懒惰,计划过的很多事都半途而废,不了了之。

03

生活不是没有给你转运的机会,只是你不珍惜,那就只能在贫穷里自怨自艾。

奥黛丽·赫本曾说过:"人,更重要的是,有能力自我恢复,自我复活,自我解救,自我救赎,永远不要指望任何人。"

惰性,是引发自我矛盾的导火索之一,它往往会让你背叛自己的初衷。"明日复明日,明日何其多",之所以懒惰,是因为我们总认为时间可以肆无忌惮地挥霍,等到无法挽回时才后悔莫及。

拥有财富的人渴望更多的时间,但如果你因为懒惰连仅有的时间也白白浪费,这才是暴殄天物。人不自救在于甘愿认命,甘愿做个废柴,渐渐失去执行力,直到无可救药。

勤奋的人深感日月如梭,而懒惰的人度日如年。一个成功的人,不允许自己自暴自弃,而是深谙其道,保持自律。

所以,往往越成功的人越勤奋。

04

不安于现状,首要的是要克服自己的懒惰。上天不会眷顾懒惰的人，也没有人愿意给懒惰的人机会。

如今我不再用手机疯狂地刷淘宝和微信朋友圈，也不再着魔一样赖在床上看电视剧了，因为这些事对我来说毫无意义。每天晚上，我都会安排一小时的阅读时间，一小时的画图时间，剩下的时间用来写稿。只有当你有规律地生活时，才可能找到正确的方向，才不至于迷失自己。周末的时间，我会定时起床，除了听着音乐写稿，还会给自己安排看电影和看书的时间。

提高自身的价值，得到他人的支持和认可，就是在积累财富。身体在路上，你会拥有更多经历和体验，如果不能，就让你的灵魂在路上。多读些书，让你的思维开阔，吸收知识养分，提升你谈吐的水平。

曾有读者问我，怎样才能克服自己的懒惰。这里给大家几条建议：

①制订计划，并且为每个阶段制定目标，定时定量地去完成。

②保有一样爱好，把钱投资在正确的地方，比如买书、报名学习课程，并且坚持不懈，这样一定会为你带来意外惊喜。

③如果没有足够的自制力，就不要为自己的懒惰创造有利条件。比如，在床上看书，在家里手机也寸步不离……

④一件事，既然选择坚持就不能间断。间断的后果

会令你功亏一篑。

⑤少看肥皂剧，可以多看些经典电影。有人问看不懂的还要不要看，答案是肯定的。耳濡目染，有的片子值得反复推敲。我小时候看不懂《红楼梦》，长大了每看一遍，都有不一样的心境和体会。

⑥不要因为一点困难就临阵脱逃，或许你再坚持一点点，就可以守得云开见月明。

懒惰，既是大多数人的通病，又是失败的主因之一。戒掉懒惰，是你脱胎换骨的开始。

抛弃你的从来不是同龄人，而是虚荣心

推荐音乐：阿信《一半人生》

01

《摩拜创始人套现15亿背后，你的同龄人，正在抛弃你》一文曾刷爆微信朋友圈，韩寒在微博针对这篇文章提出了异议：

"且不说连同部分债务的收购以及中后期进入的投资人需要优先结算的情况下，创始人团队还能分得多少（那是他人的合法应得），对这种标题我都是极讨厌的。它已经不仅仅是在贩卖焦虑，而是在制造恐慌。没有赚到大钱就叫被同龄人抛弃了吗？很多人也都在努力工作、认真生活，成功的定义绝不只是套现几亿、十几亿……"

02

古代有个词叫"东施效颦",比喻模仿别人,不但模仿不到家,反而令人贻笑大方。人们很喜欢跟风,想要利用余温点燃自己的三分钟热度。

可成功不是一蹴而就的,更是无法复制的。骆宾王七岁作出《咏鹅》,莫扎特五岁作曲,孙权九岁出使荆州,高斯十岁发现等差和公式……活在这些时期的同龄人,难道就都被抛弃,人生以失败告终了吗?

每个人都应该有属于自己的活法,而不是盲目跟从。范思哲曾这样评价时尚:"不要随波逐流,不要被时尚束缚,你自己决定成为什么样的人,穿什么样的衣服,选择什么样的生活方式。"这不正是你我的人生写照吗?选择适合自己的衣服,而不是一味地模仿,否则只能形成买家秀和卖家秀的尴尬对比。

papi酱在微博火了之后,各种吐槽视频层出不穷;咪蒙在微信火了之后,各种犀利文字趋之若鹜。同一件事情,如果已经有人把它做到了极致,不妨换条路尝试。阿信童年时,曾经想当一名漫画家。初三那年,阿信在看过漫画大师手冢治虫的作品《火之鸟》以后,意识到最好的漫画作品已经被手冢治虫画出,任谁也无法企及,因此他放弃了这个梦想。

每个人都有属于自己的路,适合别人的不一定就适合你。正如张德芬在《遇见未知的自己》里所说："心想事成的第一个定律就是，你所向往的东西必须是命中注定该是你的，或是与你的更高目的是一致的、有利于人类社会的。要不然就是你能深入到潜意识和真我层面，破除人生模式，学好自己该学的功课，破解你的命运，否则，心想事成，不过是纸上谈兵。"

03

有读者私信我："我不想上学了，想出去闯一闯，但又不知道从哪里开始。"

我说："在没有具体的计划前，先好好学习吧。"

有人辍学创业，遭遇大起大落，从满怀希望到心灰意冷的巨大落差，走投无路到柳暗花明的循环。他们历经成千上万次的磨炼，才有资格站在显眼的地方，成为令人钦敬的对象。

看着同龄人一夜成名，反观毫不起眼的自己，难免心生焦虑，惶惶不安。于是，怀着侥幸蜂拥而上，一时脑热按部就班，结果往往不尽如人意。一个人的决定要经过深思熟虑，要结合自己的实际情况。生活不是幻想出来的，不会事事如你所愿。

谁都渴望年少有为、功成名就，但成功不会发生在朝夕之间。大多数人对物质有着一定的渴望，于是很容易用拥有的物质来衡量自己的人生价值。以为拥有了超越其他同龄人的几件物质，就可以虚张声势，就意味着比他人成功了。

电影《穿普拉达的女王》里，想当记者的安迪无意间成为一名时尚主编助理，她在苛刻无比的磨炼下从一个"菜鸟"迅速成长为一名出色的职场达人，可她却因此失去了朋友和爱人。这时的她，才明白这并不是自己想要的生活，成为一名普通的记者才是她的心愿。于是她离开了"女王"，回归了原来的生活，原本的爱情和亲情也失而复得。

之后，安迪的生活里可能没有奢侈品，没有锦绣华服，没有太多金钱，但却快乐和舒心。盲目追求物质，是虚荣心作祟，结果就是在纸醉金迷中迷失自我。

余生很短，这一生只愿平凡快乐，谁说不伟大呢？或许你普普通通、平平凡凡，但你乐观向上，为自己想要的生活不懈努力、奋斗，这样的人生就不算失败。

我很喜欢一句话："人生最大的遗憾不是失败，而是活成了其他人。"人生的输赢不在于某个阶段，你要想好自己要什么，而不是将自己的人生标准嫁接在别人的战绩之上。

04

我们经常有个误区，只看得到别人的结果，却看不到别人的努力过程。努力了十天八天，就妄想一步登天。

多挑战、多尝试并不是浅尝辄止，贩卖成功学。想要成功，势必要缓慢稳步往上爬，日积月累、厚积薄发。

黑泽明告诉青年导演："你必须学习并经历各种事，才能成为导演。但如果你真想拍电影，那就去写剧本，你只需要纸和铅笔。只有通过写剧本，你才能知悉电影结构上的细节和电影的本质。你要逐渐习惯于去写作，必须努力学着去尊重它，不是当成苦差，而是养成习惯。但最基本的，是要有一次写一个的耐心，太多人缺乏这种耐心了。如果你坐下来静静地写一天，至少能写2至3页。如果能坚持下去，最终就能写上百页。我想今天的年轻人，不知道这个窍门，他们一开始就想立即写完。乏味的写作工作，必须成为你的第二天性。一步一个脚印地耐心攀登，就是别去看顶峰，而是专注于在爬的路。我告诉我的副导演们，只要放弃一次，就全完了。我告诉他们无论如何，都要写到最后。此外，如果今天的年轻人不读书，没有丰富的储备，他就无法去创造。你不可能无中生有，你脑子里有东西，才可能去创造。"

不要只做个空想家，成功既没有捷径，也没有可比性。如果你没有天赋，就只能花时间去弥补。虚荣心让你看到的只有眼前的繁华，而没有背后的隐忍和苍凉。冲动而为的人，往往落得半途而废或飞蛾扑火的结果。

从小我们就承受着"别人家孩子"的压力，长大了还要被"同龄人"抛弃？人生是需要慢慢平衡的，不管起点高低，放眼未来，都不要忘记我们将要去何方。

浮躁的时代，盛开着太多诱惑，不要让虚荣心模糊了你的双眼。谁也不能抛弃你，只有你自己才能抛弃自己。努力做好自己的事，过好自己的人生，比任何事情都有意义。

成长，是从认清自身价值开始的

推荐歌曲：7!!（Seven Oops）《オレンジ》

01

电影《蜘蛛侠：英雄远征》，演绎了彼得·帕克人生价值的成长史。

再也没有人像钢铁侠那样，像对待儿子一样小心翼翼地庇护他。哈皮告诉彼得："托尼唯一不后悔的决定就是选择了你。"彼得最后做到了，即使被困境吞噬，也终究独当一面，找到了属于自己的路。他曾想成为托尼，但托尼要他比自己做得更好。

上一部漫威电影《复仇者联盟4》里，某些热血场面至今还历历在目。

托尼打出响指，完成了属于他的使命。一千四百万分之一的胜利，是用他的牺牲换来的。嘴硬心软的他，明明说着不再参与复仇者的战争，却还是偷偷拿起了架子上和小蜘蛛的合影，把上面的灰尘仔细擦拭干净。如小辣椒所说，任何人阻止他回归复仇者联盟，都是不可能的。

一蹶不振的索尔身材走样，凸起的啤酒肚仿佛随时会爆掉。他变得嗜酒如命，眼眸黯淡无光，整个人颓废得像一摊化了的冰激凌。直到母亲告诉他："每个人在寻找自我的过程中，都会经历失败。每个人都无法成为理想中的自己，衡量一个人、一个英雄，是看他们要如何成就自己。"索尔召唤了他的锤子，欢呼着"我还配得上它"，语气里充满了庆幸和惊喜。

绝处逢生从来不是英雄的特权，恰恰相反，平凡人也能因为创造了奇迹而变成英雄。

奇迹只配得上努力的人，妄想不劳而获的人一生都只能在患得患失之间徘徊。

其实我们和最初的彼得一样，如果认为一件事超出了自己的能力范围，就会下意识地退缩、逃避，然后心安理得、事不关己地高高挂起。可现实是，无论你怎么逃避，还是要承担结果。

对于超出能力范围的事，我们总是下意识地唯唯诺诺，第一时间否定自我。我们无法接受挫败感，因为失败意味着自己的无能。或许正是因为害怕亲眼看到这个事实，所以我们不肯面对。可没有人能够一直天真无邪，生活会逼着你成长，早和晚只是时间问题。

人什么时候才会一夜长大？是当你遇到麻烦无人可依，只能靠自己的时候。

02

我收到的私信里，出现过一个普遍的问题："我成绩不太好，担心自己考不上理想的学校，又怕看到父母和老师失望的表情，我该怎么办啊？"

如果你没有付出百分之百的努力，真的没有资格问这个问题。因为第一时间不从自身找原因的人，最擅长逃避责任。他人的几句箴言只能让你燃起三分钟热度的激情，并不能一劳永逸。如果你自甘堕落，不肯叫醒自己，就只能咎由自取。

学生时代，我也曾有过焦虑。感觉自己被四面八方的压力裹挟，揣着45度角仰望天空的非主流式忧郁，内心烦躁、混乱，时不时溢出的窒息感令人只想逃离。我满脑子只想着尽早解脱、放纵，哪里能做到心无旁骛。日子在胡思乱想中流逝，却不承想，熬过人生至关重要的阶段，依靠的秘诀都是自我救赎。

后来我才意识到，干正经事的人是没有时间忧郁的。

假如你还是学生，努力的价值就是让未来步入社会的你有一个较高的起点；工作后，你努力的价值就是让自己在喜欢或者擅长的领域取得成就，获得精神至上的满足感，过上憧憬已久的生活。

我喜欢的一个博主竹子，拍了一个Vlog（视频博客），主题是：真正的学习，是从离开学校时开始的。视频记录了她七天做的事——看书、看展、看杂志、看电影、去伦敦电影学院上课。对于回到学校学习，她说："痛苦的来源是承认自己的无知。"三十一岁的她，活成了众多女孩羡慕的样子。而她，还在学习中吸收新鲜的血液，来为自己增值。

或许你跟我一样后知后觉，但是永远不要放弃追寻自己的价值。你的人生，没有人能代替你走过。如果你觉得你尽力了，就这点水平了，那就换条路走。哪怕还有一丝不甘、一丝希望，你都要有孤注一掷的勇气。

我们都知道自己哪里没有做好，却总是不主动做出改变。我不能保证努力就会成功，但是晚努力一分钟，成功的概率就会少一分。

03

你必须明白，你的价值是什么？

哈皮问彼得："你想要什么？"

彼得说："我想过正常人的生活，想向喜欢的女孩告白。"

他心里是害怕托尼会失望，他怕力所不及，索性不给任何人希望，企图逃避。可危险近在咫尺，他必须要站出来。你看，价值从来都是自己说了算。

谁没有输过呢？大多数人都输过。

可重要的不是赢的次数，而是爬起来的次数。

勇敢的人，字典里没有"放弃"二字，即使结局有遗憾，但求无悔。

他们始终清楚自己要做什么。

在电影《飞驰人生》里，张弛说："你问我绝招，绝招就是两个字——奉献。就是把你的全部奉献给你所热爱的一切。"

林臻东问张弛："你为什么一定要赢这一次？"

张弛说："我没有想赢，我只是不想输。"

英雄不是战无不胜的，但他的信念永远不会湮灭，哪怕被打败千千万万次，他也要把失去的找回来。

我喜欢的故事《竹业篇》中，东方淮竹这样描述失意的王权霸业："那一天，我见过的最强的剑客，握起了天下最强的剑，却早已没了剑心。"

一个剑客，剑心赋予了他价值。

没有剑心的剑客，再也拯救不了江湖，甚至连自己都拯救不了。

对于你来说，什么又是你的剑心呢？

抖音上曾有一个特别火的句子："你有没有为谁拼过命？"

让你为之拼命的，就是你的价值所在。

因为有所追寻、有所守护，所以义无反顾。在你生命里不可或缺的那份执念，就是心中不灭的光。

许多人的信念都是在经受了巨大创伤后，被啃噬消磨光的吧。少年来时意气风发，去时满目疮痍。个中过程漫长如光年，你遍体鳞伤，激情退去，甚至感受到了痛苦和绝望。

心如死灰，最容易向现实低头。

可你看美国队长，无论结局如何，他都会警告对方："我可以和你耗上一整天。"

04

四月底，影子趁着假期回国，顺便来北京待了几天。

从南锣鼓巷回去的路上，我告诉她，我觉察到了她的焦虑，因为她的神情和状态，俨然一副心事重重的样子。

她说，一年的留学生涯就要结束了，毕业课题迫在眉睫。项目和论文的双重压力，还有毕业后何去何从的问题，接踵而来砸在她的头上。结业项目没有知名企业的合作门路，实习的公司难找，留在国外的概率很是渺茫。可自己又不甘心这么早回家，按部就班地面试、实习和工作。否则，出国还有什么意义呢？

成年人的生活里没有容易二字，困境来了，我们只能迎头而上。

我问影子："撑不下去的时候，你会怎样说服自己去坚持？"

她说："我会重新审视这件事的成本和自己的能力，是否放弃都是自己的选择，只要不后悔就可以了。"

前阵子，影子似乎又有了新方向，准备和朋友着手文化传媒方向的创业。

成人和孩童的区别，是成人会成熟地独立思考和解决问题，而孩童往往会先求助他人。

不要让未来的你变成巨婴，你早晚要独立面对生活里的成败与荣辱，对人生负责，对自己负责。通往未来的路可以曲折，但不能终止。

爱迪生曾说："我没有失败，我只是找出了一万种行不通的方式。"

世上有无数种失败的方式，但我们存在的意义是：既为了价值心生坚强，又在坚强中顽固成长。

"强行乐观"毁掉的，不仅仅是你的判断力

推荐音乐：女王蜂《HALF》

毛姆说："用幸福这根尺来衡量，那他的生活就显得很可怕；然而当他意识到还有别的尺来衡量他的生活时，顿然觉得浑身充满了力量。"这充分说明，决定生活状态的绝不仅仅来源于我们所认识的正向观点。

被过分解读的乐观，成了大众妄想症

日本的一家蛋糕工厂，员工在下班时间到了后，会先去打卡，然后又会回到工位上继续工作。之所以会有这种变相加班的行为，是因为老板不断向员工灌输"工作大于一切"、休息则是一种没有自尊心的耻辱行为的思维方式。

可是，其中一位员工因为工作过量，疲劳驾驶导致车祸死亡后，也带给了所有人新的思考。努力工作是好事，但所谓工作上的"步履不停"真的就是好事吗？偶尔也应该停下来歇一歇，才能以更好的状态继续前行吧。

这是日剧《非自然死亡》里的一个故事，如一位病毒受害者

的父亲所说："他小的时候，我就教育他，要成为一个忍耐力强的男子汉，不能因为感冒就不去上学。他是在我这样的教育下长大的。我们是不是做错了？那个孩子一直特别努力，这次是不是努力过头了啊。"

各种行业的圈子里不断被爆出熬夜猝死的消息，几乎所有人都有过熬夜的经历，但没有节制的努力或许是一种自我麻痹。

我一度很讨厌负面状态，所以遇到问题我总是告诉自己"车到山前必有路"，一个拥有无限正能量的人才有资格成功。

大家都喜欢这样的人——如春风般温暖，如阳光般灿烂，因为跟这样的人在一起，自己也会受到感染成为一个积极向上的人。殊不知，没有一个人可以完全摆脱负向思考，实际上逃避负向思考反而会适得其反。

当你经常被灌输不切实际的幻想，一旦与现实碰撞便会头破血流。毕竟这个社会并不是按照你的意愿来运转的，所以，处于正向失控的你可能会不知所措，也不具有应对问题的能力和勇气。

一个看起来被赋予了正能量标签的人，往往有着不能承受之重的压力，这时候正向思考反而成为一种枷锁。这就是为什么一个看似快乐的人，往往正能量被消耗得更快。

我们当然需要乐观，但过分解读，就变成了毒鸡汤。乐观是你的心理诉求，不是每日妄想"我能成功"就可以成功。实践出真知，用乐观派的纸上谈兵去孤注一掷，你会摔得更厉害。

人生不是乌托邦，我们需要负向思考

我心情很丧的时候，不喜欢说话，只想一个人静静地待着。

这时候，朋友总会立马穷追不舍地询问我个中原因，说："你别这样憋在心里啊，有什么事你说出来嘛。"其实，此刻我是真的不想说一个字。我更倾向于身边的人同样沉默不语地待在我身边就好，等情绪慢慢平静下来，我自然会说。虽然情绪需要发泄，问题需要解决，但是有时候我也需要时间消化啊。

还有一次，我在房子里冲着电话里的朋友讲述自己的委屈遭遇，边骂边哭，歇斯底里的那种。朋友说："好啦，别哭啦，哭就变丑啦。"但是我哭得更厉害了，委屈巴巴地说："我都已经憋了很久了，好不容易家里没人，你就让我好好哭一场都不行吗？"他在那头不说话了，静静地听我鬼哭狼嚎了一通。

事实证明，负面情绪是被需要的，是有存在价值的。尽管我曾写过一篇关于控制负面情绪的文章，但两者并不矛盾。这个世界上没有完全的否定，否定建立在先决条件成立的基础之上。

《奇葩大会》来过一位情绪摄影师，她会尝试跟客人沟通，在他们用眼泪释放情绪的瞬间按下快门键。人不是万能的乐观主义者，情绪需要在一个合适的时间、合适的地点表现出来，减轻了情绪负担，我们才能更深刻地体会世间百态。

蔡康永曾就人们对负面情绪的误解说过这样一段话："我们很容易说，我希望我的人生从此不再有恐惧，不再有悲伤，不再有后悔，但这个愿望实际上是一种诅咒。没有恐惧的人生，你会不懂得保护自己，你会莫名其妙地受伤。悲伤携带了一个奇特的特质，促使我们去深刻体会我们本来忽略的事情。在恋爱中，享受当下欢乐的人，从来不反思那段关系对你的意义。失恋的时候，你会深刻地带着悲伤，不得已地逼迫自己去反思。悲伤是上天给我们的一个美好的设计，让我们对付人生不断的失去。后悔等于不放弃，当我们后悔的时候，讲的是'天啊早知道''当初如果，我一定'，你想的每件事情都是'再给我一次机会，我会做得比那一次更好'，不甘心、不放弃。所以，你讨厌的那些情绪，正是支撑你活下去的情绪。当你毁灭掉你讨厌的那些东西时，你也会毁灭掉你自己。"

所以，我们需要负向带来的理性分析。

怎样对待生活里的正向和负向能量？

过度的正能量是负能量，相反，适当的负能量其实是正能量。《失控的正向思考》一书深刻地剖析了正向思维里的过度误区，因为无论多么坚决要保持乐观，其实所有人在日常生活中都是靠心理学家朱莉·诺勒姆所称的"防御性悲观"来过日子的。

正向思考是心理行为，而负向思考才是实践行为。我们所面临的问题不会因为乐观就迎刃而解，促使我们成长的恰恰是负面映射的问题。我们太过依赖正向的东西，所以我们以为仅仅依靠乐观就能改变一切；我们过于排斥负向的东西，所以我们避之不及，无法正视问题的根本原因。

作者芭芭拉·艾伦瑞克认为："我心目中的理想国，人人不只活得舒适、健康、安全（像是有好工作、医疗保障，诸如此类），也能尽情地开派对、办庆典，有更多机会在大街小巷欢喜跳舞。我认为的理想国是：只要能满足基本物质需求，人生就是一场永无休止的庆典，在其中人人都能贡献才华。但是光凭祈愿，无法升华到那种境界，我们得做好万全准备，努力突破可怕的阻碍，不论是人为还是天降的困难，我们都得奋力突破，而迈向这个目标的第一步，就是治好正向思考这个大众妄想症。"

无论是正向思考还是负向思考，都会使人在观察时无法摆脱情绪，使人宁愿把错觉当成现实。正向思考会让人"感觉美好"，而负向思考则会让抑郁的人习惯于缓慢、迂回的神经传导路线。取代这两种思考的做法就是，想办法摆脱自己的想法，观察事物的真实面貌，尽量不要让自己的感觉与幻想对事实添油加醋，去了解世界同时充满危险与机会：人有机会幸福美满，但也终将一死。

人生都是一个跌宕起伏的过程，不会一直幸运，也不会一直不幸。我们不可逃避，也不可沉浸在任何一种情绪当中，而应在正向和负向中不断中和、不断思考、不断修正。

生活要有不认命的勇气

推荐音乐：白水《夜花》

01

在《狗十三》电影中，我似乎看到了自己的影子。

李玩因为狗被弄丢与家人发生争执，情急之下推搡了爷爷，离家出走又导致出门寻她的奶奶迷路。然后，李玩的父亲一气之下打了她。

后来，李玩被告知自己还有一个同父异母的弟弟。当这个新成员来到家里后，李玩遭到了全家人的冷落，瞬间失去了家人大部分的宠爱，孤独得像个外人。

父亲为了弟弟把她的狗送走，为了仕途要求她在饭局上讨好别人。要想成为一个懂事的孩子，就要被迫成长。究竟多懂事才能叫懂事呢？

原来的狗丢了，为了不辜负全家人的好意，李玩被迫接受一条陌生的狗；为了家庭和睦，她被迫承认同父异母的弟弟；为了父亲的前途事业，她被迫学习大人们的阿谀奉承。

最后，当李玩看着在家中被小心翼翼捧在手心里的弟弟在滑冰场上一次次摔倒，教练却袖手旁观的时候，她终于明白，没有人可以一直活在温室里，跌倒了就要自己爬起来，否则永远也学不会走路。

我们要乖乖听话，如若一味随心所欲，自己身上的标签就变成了任性、幼稚与不懂事。

李玩的父亲哭着对她说出"我不是一个好父亲"的时候，她突然发现，这世上多的是无处诉说的委屈，但日子照样得过，成人也有成人的苦衷。或许他们也会做错事，也会跌倒，但终究要忍痛爬起来，带着自己拼凑起来的勇气继续披荆斩棘。成长就像是她被逼吃下的那盘狗肉，难以下咽却不得不咽。

02

有位女孩曾给我留言，说自己生活在单亲家庭，父亲在她4岁的时候去世了。小时候的她，学习很用功，性格比较内向。或许是因为家庭情况特殊，她的妈妈总是训斥她，即使是弟弟做错事，也会不由分说地把她臭骂一顿。这样的状况从她小时候就持续发生，导致她的心理状态不是很好。

直到她上初一，妈妈再次不问青红皂白地骂她时，她学会了反抗。妈妈打电话给亲戚，让她去亲戚那里住几天，打算让别人教育下自己的孩子，不要再忤逆自己。

后来，妈妈感觉总让自己的孩子住在别人家，太添麻烦了，就让七大姑、八大姨把她又送了回来。

她刚回家的时候，妈妈还不是特别无理取闹，可没过多久又恢复了原来的样子。结果，她的期末成绩从年级前30下滑到了100多名，妈妈到处在亲戚面前数落她考得有多差。可事实上，她考试那天是政治、历史的开卷考试，她和弟弟吵了架，妈妈破口大骂让她滚出去。她一气之下离开家，到了学校才发现没带书，再想回去拿已经来不及了。就这样，那两科她都只考了三四十分。

弟弟才四年级，成绩也远远不如她。可妈妈在亲戚面前偏偏就只责骂她的不好，只称赞弟弟的好。

妈妈还经常和爷爷告状，更是要挟她如果不听话就不给她补课了。她很害怕，如果取消补课，想要提高成绩就更难了。她心灰意冷，甚至产生过轻生的念头，但又热切地盼望着将来能远远地离开家人独自去生活。按照之前的成绩，她上市重点高中完全没有问题，而如今的成绩只够得上普通高中的分数线。她十分恐慌，但又没有坚持下去的动力。

成长环境恶劣，充斥着漫骂、批评和争吵，很容易导致内心自卑、压抑，不得一丝喘息的机会。如果命运把你出其不意地绊倒，你要轻易认命吗？要从此一蹶不振吗？你怎么能甘心。

生活给了你不可避免的坎儿，你必须面对现实，然后勇敢地闯过去。不要奢求被命运解救，能救你的只有你自己。越是认命就越无望，只有站起来玩儿命抵抗，才能逃脱命运的桎梏。

03

苏打的公司出了些资金问题，老板卷钱跑路，他还被拖欠了几个月的工资。

刚刚毕业一年，他就遭受了来自生活的恶意，这第一印象着实差劲了。

他约我们出来喝酒，边哭边骂骂咧咧。信誓旦旦来北京赚钱，结果一年了，一分钱没赚到，还要父母操心，也不知道怎么开口和家里人交代。父亲因身体不好又住院了，简直是雪上加霜。

一个男子汉就这么第一次在深夜里埋头大哭起来，扑面而来的无力感渐渐把他吞噬。

"在我的天顶，大雨落不停，也不能改变到我的固执。"苏打循环听了一整晚的《出头天》后下定决心，说什么也要从头再来。他从单人间的小卧室搬进了公司附近几人间的宿舍，临近半夜，呼噜声、磨牙声此起彼伏，吵得他心绪不宁，真想下床一脚踹醒一个，想了想算了，都生活不易。

你看《一出好戏》电影里的那群人，要抛弃绝望、恐惧和躁动，如果不自救，就只能自生自灭。

他重新找了一份工作，又在业余时间开始学习作图，有时候仅一个功能就得研究上几个小时。

慢慢地，他的作图技术炉火纯青，得到了众多人的认可和夸赞。不少朋友也时常帮忙介绍有需求的公司和他合作。

每个月一多半的收入，他要给家里打过去给父亲看病。剩下一部分钱，交了房租和水电费后寥寥无几。他不参加任何工作外的社交活动，更曾有两天，他只吃了一顿饭。

朋友们经常以升职、加薪或者发奖金等为借口请他吃饭，几次后他察觉到了端倪，总是以工作繁忙为由推却了。

"其实你不必拒绝他人的好意。"我劝说他。

可他却摇摇头说道："能真正让我站起来的人只有我自己，你们帮得了我一时，却帮不了我一世。"所以，自己可以站立的时候就不能刻意依赖他人生存，否则永远不会站得稳。

经历了近一年的艰难时光，他父亲的病趋于稳定。年底他因业绩优秀也得到了丰厚的奖金，也有别家公司希望他跳槽。

苏打迎来了柳暗花明的生活，他请大家聚餐，激情澎湃："谢谢你们没有放弃我，也谢谢我没有放弃自己。"

我依稀看到他的眼睛里有一些亮晶晶的东西，像是由心折射出的希望。

04

有人问蔡澜："为什么你给好几个人的回答都是'去麦当劳打工'？"

蔡澜说："才知人间疾苦。"

另一个人又问他："今年感觉做什么都不顺利，尤其这几天，心底的失落感越来越强烈。"

他回答："救不了你，自救！"

看似简短的诙谐，却囊括了人生现实。路终究要自己走，别人无法代替你。

我们都无可避免地会遭受生活的鞭笞，弄一身或重或轻的伤。我们渴望被理解，又不想被看轻；渴望被尊重，又不想被冷落；渴望被温暖，又不想被束缚。我们骄傲又孤独着，努力又颓废着，执着又软弱着。

我对命运的理解，是一半注定，一半人力。命运安排你投身什么样的家庭，拥有什么样的父母，但未来的路怎么走却都是掌握在你自己手中的。

虽然世间没有一模一样的人生经历，但不同的性格却决定了不同的命运。

有的人遭遇丁点儿挫折便一蹶不振，总感觉生活和自己过不去，自己是命运的弃儿，于是就自暴自弃。而有的人即使遍体鳞伤也要撑着骨子里的倔强，继续坚守着不被打倒的信念，跌跌撞撞地站起来。暮去朝来，第一种人一辈子只能躲在深渊里，庸庸碌碌终其一生，而第二种人却总是向阳而生，置之死地而后生。

人生昧履，砥砺而行。

你才是自己的救世主，你要活得桀骜而独立，骄傲而坚韧，冲破云霄，拥抱属于自己的晴天。

Part 2
谁也夺不走我做梦的自由

人是怎样一步步废掉的？

推荐音乐：周杰伦《以父之名》

人生路上，我们在做选择时总会进退维谷。面对困境，让一个人振作很难，颓废却很容易。先来看看徘徊在迷茫边缘的你，是否具有以下特征：

第一，急于求成，讨厌漫长的等待和付出，盲目追求立竿见影

有位朋友做任何事都恨不得一步登天，总是抱怨自己努力了那么长时间，却还是不见成效。

最近他在尝试做抖音，发了几个视频之后播放量依旧很低。于是他开始怨声载道、愁眉不展。

我问他："那你努力了多久呢？"

他说："我已经发了5个了，1个都不火。"

我说："你这点付出也太不值一提了。几乎没有人拥有一步登天的幸运，所以你要脚踏实地，不要痴心妄想。"

我在小红书关注了一位博主。她每天都会分享自己亲手制作的双人早餐，发了将近百条时，点赞和评论才慢慢开始多起来。

她的构图内容和风格一直在不断地变化，从会反光的黑色大理石桌面换成干净大方的白色桌面，拍摄方位从垂直角度换成靠窗有阳光温柔洒下来的侧面角度，桌上的餐具也从开始单调的一盘一刀叉换成各式各样的餐具，这才变成如今令人赏心悦目的作品。每一组照片下面，她都会分享一些美食的做法，非常实用。如今，她的主页粉丝已经有3万多了。

很多人读一本书就想出口成章，去几天健身房就想练出马甲线，工作没多久就想升职加薪，这是做白日梦。出发地和目的地之间，往往隔着千山万水的距离。人生没有任意门，唯有不停地努力和坚持，成功才会水到渠成。

大部分人更在意的是结果，而不是过程。所以，越是急着完成一件事，越是会忽略做事的方法和时间。欲速则不达，心浮气躁反而会功亏一篑。

我们做事情总是心比天高，好高骛远，却又没有足够的耐性打持久战，最终半途而废。我们害怕挑战自己能力范围之外的事情，但又迫切需要结果来证明自己。尤其当努力后的效果微乎其微时，内心就会产生巨大的落差，信心和希望也随之被一点点地凿空。

曾看过一幅图，图上一只兔子在拔萝卜，看得出它用尽了全力还是没能把萝卜从地里拔出来。但地底下的情况，看着却一目了然：其他的萝卜都很小，只有它在拔的这一个硕大无比。意在说明什么？

如果你发现一件事情困难重重，那么有可能是这次如果成功的话，收获会特别巨大。通常人们一遇到困难就会反复否定自己、否定现实，却从来不肯沉着冷静、脚踏实地地蓄力去做一件事。

第二，长期处于生活底层的舒适区，纵容自己依赖周围的人，形成惰性

很多人习惯了一种生活方式、就害怕去改变。其实人生中，我们有很多机会去尝试，但最终却选择了望而却步，与成功失之交臂。

我们要的舒适，不是不努力、不上进，过着差不多的日子庸庸碌碌终其一生，而是心满意足地过着自己想要的生活。

朋友在镇里一家银行工作，一个月3 000元工资。她曾一度对我抱怨薪水入不敷出，想改变现状可又茫茫然没有方向。

这时候，我给了她一个建议："你可以继续考研，获得硕士学位之后，供你选择的工作机会就会更多了。"

结果她对我说："考研太难了，况且离开学校这么多年，我已经不适应看书了，看完就忘。"

可你们看看那些成功了的人，有哪一个是容易的？如果你不想付出更多，就不要抱怨生活回馈你太少。

第二次，我又给了她一个建议："其实你做个日韩代购也不错，哪怕是兼职的。虽然每个月要辛苦几天，但如果做得好，收入还是很可观的。"

结果她告诉我："我也想过，可我是个路痴，到时候万一把自己弄丢了反而得不偿失。"

我哑口无言。罗伯特·舒勒博士曾说过:"你正如自己所想。"而今,我仿佛看到了"你相信什么,你就是什么"的活生生的反面教材。不愿意躬身力行,只想坐享其成,生活又怎么能如你所愿。

同事有个表弟,整日赋闲在家。他这个人家境贫寒,学历低,又没有特长。亲戚朋友热心给他介绍工作,可他推三阻四、左右抱怨,不是嫌离家远,就是嫌工作累,干得不顺心,一声不吭就直接走人。

我看到过一句话:"如果可以选择舒适安逸,谁又愿意颠沛流离?"人人都想拥有更好的生活,你一无是处又不肯努力,却妄想轻而易举得到和别人相同的成果,这难道不是异想天开吗?一直生活在安逸中,你永远不会有所成长,只能在习惯中趋于麻木。

第三,沉浸在过去的成就里沾沾自喜,不思进取

段林希在《奇葩大会》上分享了自己过去几年销声匿迹的经历。

2011年,她获得了全国快乐女声总冠军,开始了从未有过的众星捧月的生活。飘飘然的她肆无忌惮地吃喝玩乐,花钱大手大脚,不思进取。

当通告慢慢变少,工作量越来越小的时候,她对自己的状态也有过怀疑。但身边的人说她小题大做,过于敏感,这种情况在娱乐圈是正常的。

于是，她继续心安理得地过着奢侈的生活，直到银行卡的余额不足以供她花销。

她回了老家，不时向人吹嘘着自己的明星生活。再后来，陷入迷茫和焦虑的她，开始做起了微商。生意好不容易有点起色的时候，有人发现了她的身份。她做微商的事情被娱乐记者报道了出来。无奈之下，她终止了微商事业，整日闷闷不乐，混沌度日。

她的母亲看到她一蹶不振的模样，鼓励她重回北京。于是，她重新拿起吉他做回了歌手。

日剧《以弱胜强》里有这样一段话很受用："我只想告诉你们一件事，就算你们进了东大，也有可能像我这样说失业就失业的。大家千万不能大意。东京大学不会保证你们任何事，该去解决的问题不光是试卷上的问题，人生的难题一个接一个，所以要思考。"

成就只能证明我们过去的努力，而不能保证我们的未来。否则就只能像《伤仲永》里的神童仲永一般，少时才华横溢，出口成章，后来却渐渐才华尽失，连普通人都不如。

第四，没有时间观念，喜欢拖延，大部分时间心猿意马

人最怕的就是自我感觉良好，其实潜意识里还为自己留有足够的舒适空间。

很多人都觉得自己加班了、熬夜了，等同于自己努力了，可其中有多少无用功只有自己清楚。

朋友的公司曾经有个实习生，天天加班到半夜。其实公司平时业务并不繁忙，一开始大家以为她真的是个工作狂，谁知道时间久了，真相渐渐水落石出。

别人半个小时就能做好的表格她两个小时才能做好，工作期间聊聊天一个小时又过去了，再偷偷逛逛淘宝，剩下用来工作的时间屈指可数。于是乎，工作时间没有完成的工作只能用下班时间来弥补。

其实这些毛病或多或少体现在每个人的身上，但克服这些并不容易。

一个读者给我留言：不管我听了多少道理，最终都会被自己打败。

大多数迷茫的人，都是因为潜意识里没有时间观念。最直接的办法就是列出每日的计划表，在每个时间段安排好应该完成的事情。按时完成就把它从表上画去，没有完成就画个圈。因为每个人都需要Deadline（最后期限），来时刻提醒自己合理规划时间的重要性。

我们总是容易产生焦虑，让自己陷入窘迫的境地。其实不是生活毁了我们，而往往是我们亲手毁了自己的生活。只有不断提高自己的能力，才能不被过去的自己打败。

年轻人应该先攒钱还是先生活？

推荐音乐：IU《Someday》

01

年轻人总有这样的疑惑：攒钱到底有没有必要？

有时觉得及时行乐才是属于年轻人的生活态度，年纪尚轻，为了享受生活挥霍一下也没有关系。

其实，即使你还没有面临家庭的种种花销，攒钱也是很有必要的。

攒钱是为了什么？当然是为了投资，然后赚钱，最后再用于享受生活。

虽然同样是生活，但是这两种层次是截然不同的。

刚刚工作的我，延续了毕业之前的消费观念。

每个月除了必要的开支，剩下的钱都被我毫无顾虑地买买买了。于是，我成了人们口中所谓的月光族，月初大手大脚，月底捉襟见肘。

一开始我也并未发觉这有什么不妥，毕竟那时我还没有对自己的未来有清楚的认知。

娜娜则正好相反，攒钱好像是她的一门必修课。

我总觉得她过于节俭，平日根本舍不得买名牌衣服和化妆品。我会偶尔调侃她工资不少，却不懂得对自己好一点。

但后来当我下定决心要学习服装设计，发现价格不菲的时候，才发现自己没有攒钱是多么愚蠢的一件事。

而娜娜呢，后来用攒下的钱给父母买了一辆代步车，还拿到了驾照。

有些道理总要被现实狠狠地抽一下，才能够真切地感受到。

所以，我不主张年轻时为了享受生活把金钱挥霍一空，更不主张年轻时为了可笑的虚荣心去过度负债。

02

网络上经常会有这样的问题：月工资五千元，买一万元的包包过分吗？

其实，消费观是个人的选择，并没有什么对错之分。

只要目前你的经济状况允许，追求一下物质生活无可厚非。

如果你想要更好更远的生活，我主张你暂时放弃目光短浅的享受，攒钱去做更有意义的事。

除日常衣食住行开销外，不妨把剩下的钱分成两份。一份攒起来，攒够一定数额后，你可以拿去投资。投资有很多种方式：学习、经商或者入股。这些都是可以为你带来经验和财富的事，是你实现阶级跳跃的基础。

另一份可以用于额外花销，比如心情不好的时候大吃一顿犒劳自己，突如其来的病症，意外坏掉的手机需要修理等称之为"不时之需的支出"。

生活建立在生存之上，先谈生存，再谈生活。如果你具有一定的经济实力，那么你可以一边享受生活，一边攒钱。如果没有，尽量先攒钱。

不过，攒钱攒的是你本打算乱花的钱、本可以不必花的钱，不要生生地委屈自己，为了攒钱做一些费力不讨好而又得不偿失的事。

其实，年轻人更重要的，就是要尝试去赚钱。

如今，大多数人都具有斜杠青年的素质，身兼数职的人比比皆是。

因为本职工作的薪水不足以满足自身生活开销或者自我价值的实现，越来越多的人开始寻求多元发展。只有拥有了更多的可能性，才会更接近理想。

03

诗和远方固然美好,但大多数人都活在苟且之下。

因为得到过,所以才能轻而易举地说不在乎。

总有人会告诉你,金钱其实没有那么重要,权力没有那么重要,房子也没有那么重要。

但其实他早就已经拥有,或者具有随时拥有的资本。

因为可以随意选择,所以可以说得如此云淡风轻。

金钱绝不是一切,但我们都活在以金钱为基础的世界。

希望你可以从年轻时就开始正确对待和管理金钱,这样未来的你才会少一点为其所累。

成功取决于你自身的能力,还是你依附的平台?

推荐音乐:飞轮海《一个人流浪》

01

有读者来咨询:中考没考好,我上了一所普通高中。这里很多人谈恋爱、抽烟喝酒、打架斗殴,整个校园氛围乌烟瘴气。我觉得一点希望都没有,怎么办?

我说,都说比悲伤更悲伤的是没有希望,但希望是自给自足的。如果没办法选择,说明你之前的能力不足。你想换更好的环境,就只能先让自己脱胎换骨。

不是所有重点高中的学生都能顺利考上自己心仪的大学,也不是所有普通高中的学生都没有希望进入重点大学。事在人为,有些人虽然起点低,却走得比其他人更高更远。在你抱怨的时候,他们已经跑得比所有人都快了。

小时候，我们就总爱左右计较，来为自己不理想的结果开脱。成绩不好是因为座位被安排到了后排，或者老师教得不好，又或者考题太难了等。我们找了那么多借口，却始终不肯承认问题所在是自己不够努力。

阿兰参加某公司面试的时候，一个专科生在一群本科生和研究生中脱颖而出，被破格录用。因为她的专业知识和实战经验是其他人远不能及的。她没有因为自己的学历自怨自艾，而是用实力证明了自己的能力。面试的HR说："学历是你的劣势，但绝不是我们选人的唯一准则，我们更看重的是能力。"

不要以为有了重点大学的文凭就能保证今后仕途顺遂。如果你不把握机会，不去通过大学这个平台提升你的综合能力，即使文凭再高，也无济于事。相反，就算文凭不高，但你付出了比别人更多的努力，就会收获比别人更多的经历，从而反败为胜。

02

《人生的智慧》里说："在青春岁月，无论我们身处何种环境、状况，我们都会对其产生不满，那是因为我们刚刚才认识到人生的空虚和可怜——在此之前，我们所期盼的生活可是完全另外的一副样子——但我们却把无处不在的人生的空虚和可怜归咎于我们的环境、状况。"是的，所以抱怨环境、抱怨世界的人越来越空虚，对自己要求高的人越来越强大。

小童高考那年成绩不理想，读了三本的酒店管理。如果毕业直接去酒店实习，虽然包食宿，但工资着实可怜。她早早便计划申请去澳洲一所知名大学继续学习酒店管理，当同学们在大学轻松的氛围里享受自由的时候，只有她在充耳不闻地学习。

后来，小童如愿以偿地拿到了Offer（录取通知）。异国求学，小童更加努力了。或许是因为高考那次已经让她自觉比别人慢了一步，不想再重蹈覆辙，所以她更明白时间的可贵，不敢有丝毫懈怠。毕业后，同班同学有的转了行，有的随随便便在一家小酒店得过且过，而小童通过深造进入一座赫赫有名的国际酒店，一路晋升到主管。

人才选择平台，平台造就人才。当你对当下环境不满时，不要再执着于过去，也不要厌恶现在，更不要放弃未来。人生就是一场游戏晋级挑战赛，除了一小部分天生自带装备的人，大部分人都要从第一关开始闯，只有踏踏实实提高自己的战斗力，才有能力晋级到下一关。而平台就如同你的装备和武器，只有你通过努力过关晋级，才会得到更高的配置。

只有你已经具备了一定的能力，一个好平台才会成为一件好武器，如虎添翼，否则便会适得其反。

03

毕业那年，校招时阿明和室友一起投递了简历，有两家公司向他们递出了Offer邀请。第一家公司规模很小，只有四十多人，薪水可观；第二家公司规模很大，有近千人，薪水一般。

考虑到第一家公司在未来几年的规模上很难有扩张，在人脉和资源上也远远不及第二家公司。阿明认为选择一家大公司，不但可以开阔眼界，还可以培养执行能力，对于自身价值的影响不容小觑。

果不其然，进入大公司的阿明，有了更多学习和交流的机会，虽然作为新人，刚开始做业务会有些吃力。但这个过程对于职业成长至关重要，都是在积累经验。而室友呢？从他的抱怨中了解到那家公司格局太小，他提出的一些方案鲜少能够得到领导的支持，资源有限、机会有限，想谈薪水的时候领导和他谈理想。对公司愈加失望的他后悔莫及，跳槽到了另一家更好的平台。

阿明有了知名公司的工作经验，再次跳槽的时候就有了履历上的优势，而室友的职业起点显然已经被落下了一步。不要只计较眼前的得失，职业规划需要你用长远目光来看待。

就像有些公司在招聘时会注明：211或985毕业生优先。有人可能会感到不适，感受到了赤裸裸的歧视和不公，但现实大多如此。大学是社会观察你的第一个平台,在一个好的平台,你更容易得到相应的机遇和提升。

如果能力不足以让你拥有进入一个好平台的资格,那么就努力提升自己的能力。进入好的平台后,则需要你用成绩来证明自己的价值。

04

如果你自以为身处好的平台就可以有恃无恐,那就大错特错了。不得不说,还有很多人都是依附于平台的,离开了那个平台,他们将一无是处。

璐璐之前在一家传媒公司工作,做出了不俗的成绩。后来被挖到另一家知名文化公司负责做线上课程。平日里接触大大小小的名人资源和媒介资源的机会更多了,各种公司的合作邀约应接不暇。可一年下来,她反而没有什么显眼的成就了,更不用说升职加薪了。

璐璐顿时陷入了迷茫,向我吐了一晚上的苦水。从前的几个项目之所以能够在业内引起一阵不小的波澜,是因为课程的讲师本来就极具名气,内容也不错,所以稍微顺水推舟就做成了自己的业绩。现在到了这里,分配给自己的项目不一定就是热门项目,需要自己去和客户谈资源、谈置换。这样一来,她就感觉自己有些被动了。

业绩不能一直靠运气。即使你得到机会上升到了更好的平台，但其要求的专业素养和分析能力也就更高。世间没有那么多的侥幸，只有脚踏实地才能让自己成为一个真正有价值的人。

璐璐以为有了一个好的平台，就可以高枕无忧了。可仅有好的平台并不能使你一帆风顺，你的能力需要站在平台之上，才能不断提升。

就像有人说的那样：你的能力决定你的圈子，你的圈子决定你的格局。能力和平台确实是相辅相成、同样重要的。

一个人真正的价值在于拥有选择平台的权利，而不是被平台选择。愿你有足够的能力去选择好的平台，也有不论在什么位置都能够独当一面的能力。

高级感的人生，如何进行"断舍离"？

推荐音乐：孙燕姿《完美的一天》

人生在世，我们总有许多羁绊。这些羁绊来自你的情绪、情感、行为。

如果不进行"断舍离"，这些羁绊就会越堆越多，一旦超重，就会影响你前行的速度。

对物品的断舍离：

比如一件东西，你经常用不到，但你还是会一直留着。

我有周末定期收拾房间的习惯，适当地做规整。

我会把过期的药品、零食、饮料、化妆品等全部扔掉，还有一些用不到的票据、垃圾全部清理干净。女生的衣服比较多，有些古着孤品或者代购的衣服不能退换，不合适的就成了闲置衣物，我会单独把它们搁置在一个架子上，挂到闲置网站上卖掉或者送给需要的地方。

屋子里的东西零零碎碎，我会买一些实用的收纳盒归置，既省空间又省时间。看着房间越来越满的时候，就会特别希望自己有一间书房和一间衣帽间，或许这就是我憧憬大房子的原因吧。每次逛宜家和MUJI（无印良品），我对房子的渴望就会上升到满格。因为对我来说，有了空间就可以收藏更多自己喜欢的东西了。

这是对空间的清理，也是对空间的合理利用。东西虽然还是不少，但看起来井井有条就会使人心情愉悦。

大概是因为秉承了勤俭节约的优良传统，我的妈妈就特别不爱清理旧物。她总觉得，一件东西即使现在不用，但总有用到的一天。所以，就连一些我上学时穿破的秋衣秋裤她都留着，她说扔不得，这些东西还能留着擦地板。还有一些给儿时的我做棉衣剩下的布料，她居然说要留着给我将来的孩子当尿布。我哭笑不得，现在商场都有尿不湿，谁还用尿布啊，多麻烦。

假期回家，我竟然在衣柜里翻出了她二十年前的衣服。

她说："你不是总穿古着吗？这可是老古董。"

我说："不是每件旧衣服都能成为古着的，古着的设计和面料都是很考究的。"

在我的劝说下，我们把家里的衣柜做了大清理，实在不能穿了的衣服就都进了垃圾桶，一些没怎么穿过的就直接放进了回收旧衣的箱子里。大半天下来，空间着实清减了不少。

衣服总没地方放，不如先给衣柜减减压。多余的衣物就像电脑运行中产生的内存垃圾，定期清理的环节必不可少。

对感情的断舍离：

一段关系如履薄冰，感情即将消磨殆尽，但你还是碍于情面来往或者心存不舍。

比如，明明和一个人性格不合，却还要僵持着不温不火的关系，对于彼此都是一种负担。

我们这一生会遇到很多人，人际关系里的减法就是让你思考还有没有必要和对方打交道。疲于应付他人，也是对自身精力的消耗。

同样，恋爱中明明和一个人再无可能，可你的心里还是念着他。

读者木兰给我留言说：和异地的男友分手有半个月了，是自己提出来的，因为她觉得他不那么爱自己了。不知道从什么时候开始，男友几乎不会主动联系她，即使她打电话、发消息，他也总是不回，偶尔回复也是漫不经心。尝试着沟通，他却说没事，只是工作压力有点大而已。两人的对话，之后就没了下文。

恋爱里的冷暴力，就像一记重锤，把爱情哐当凿出了裂痕。可就算是分开了，我还是忍不住去看他的动态，忍不住去想念他。

大概是没被伤彻底，想他的时候只会想到他的好，他的不好竟然一点也想不起来了。

张爱玲说："说好永远的，不知怎么就散了。最后自己想来想去，竟然也搞不清楚当初是什么原因把彼此分开的。然后，你忽然醒悟，感情原来是这么脆弱的。经得起风雨，却经不起平凡……"

她说，我看到如懿对乾隆说"兰因絮果"，和我此时的境遇一般，初识美好，最终离散。

可前男友，很快便开始了一段新恋情，在各种社交平台秀恩爱。

其实这种拖泥带水的方式对生活产生的影响最为要命，不但不会增加幸福感，反而使你剪不断、理还乱。

既然他没有挽留，说明他不曾留恋。即使你再念念不忘，也不会再有回响。

不对过去断舍离，你就只能负重前行，永远摆脱不了上一段感情的梦魇。

因为如果你不去尝试，永远都走不出来。只有舍弃该舍弃的，你才能以最好的状态去迎接新的开始，否则你说不定会因此错过美景良缘、星辰大海。

对情绪的断舍离：

悲伤、愤怒、失落……这些情绪，虽然对成长会有一定的帮助，但长时间沦陷其中或者在不适当的场合发作势必会带来糟糕的后果。

阿西融资初期屡屡受挫碰壁，对工作和生活丧失信心。他知道，作为一个男人不能轻易哭泣，但那个晚上，握着酒瓶的他抱头痛哭。

或许想起家中母亲的老花眼和父亲佝偻的背，又或许想起分手前女友嫌弃的眼神和无情的话语，又或许想起自己垃圾桶里一个星期的泡面袋。多久没有好好睡个觉了？多久没有好好吃一顿饭了？一个方案能让他对时间的量化渐渐模糊，除了白天黑夜，已然分不清星期几，也分不清几时几分。

但不管生活有多难，第二天太阳升起，还是要擦干眼泪，丢掉昨晚的丧，重新把动力调成满格。

生活中，我们也会发生各种各样的冲突，情绪也很容易受到波动。在愤怒的情绪下，我们常常会做出不理智的行为。

山下英子在《断舍离》中提出：通常情况下，人们会因为"对方没有按照自己的期待去做某件自己期待的事"而愤怒。愤怒这种情感源自"应该做某事"的价值观。为了平复自己的愤怒，便常常攻击对方，对方当然也会给予反击。

所以在愤怒之前，我们要先学会自我分析，在什么场合，因为什么事，会产生不必要的情绪。

对自我认知的断舍离：

很多学生朋友问我，我真的很想好好学习，但是我控制不住自己，总是想玩手机、玩游戏，上课听不进去。

这是我们大多数人都会找的借口，"很想……可是……""因为……所以……"这种句式我们随口就来。找借口的时候，我们担心会降低别人对自己的评价，可实际上自己已经降低了对自己的要求。

借口会让你降低对待这件事的努力程度和责任心，因为有了退路，也就没了顾虑，但也因此成了阻碍你变强的绊脚石。

所以，如果对自己的状况不满意，不必问他人，只要稍稍自我反省就可以找到根源。

如果做任何事都要找借口，那你永远都不会做出改变。你想克服自己的状态，就要对所谓的借口"断舍离"。

我们可以战败，但不能做逃兵。遇到问题不要急于给自己退出的理由，我们没有那么多机会回头，唯有决一死战。

如山下英子所说，我们尝试着把"想做"替换成"做"，将"想要"替换成"得到"，将愿望转换为意图和意志。

人生要活出高级感，去其糟粕，取其精华，"断舍离"的过程会让你断绝不需要的东西，会让你的生活更加轻松顺畅。

不要让别人告诉你，你成不了才

推荐音乐：五月天《将军令》

01

我来北京的时候，一个朋友说："你的性格不适合在外漂泊，还是早点回家找一个稳妥、安逸的工作更好。"而另一个朋友则不然，他说："你确实很适合在北京这样的大城市待着，不像我只想赶快毕业回家放羊。"

每次听到第一个朋友的"善言善语"，我都无意争论，也不想硬着头皮听，只好岔开话题不让气氛过于尴尬。第二个朋友，每次聊天都很畅快，因为，他似乎可以把我的性格看个通透。

这个城市像一个无底洞，把不计其数的梦想掩埋进卑微的土壤里。没有人知道前方到底会遇到什么妖魔鬼怪，只有你自己知道在面对挫折的时候，你能不能拼尽全力渡过这个劫。

不了解你的人，说出的话大多都不是那么中听。当你产生一个想法的时候,你需要的是与你志同道合的鼓励,而不是与你背道而驰的否决。你需要在成长中能够推波助澜的人,而不需要习惯于打击你梦想的人。你要知道,别人无权对你的生活指手画脚,他们充其量只能给你建议,并不能决定你的人生。

我喜欢的旅行博主Rae分享了自己成为Vlogger(视频博主)背后的故事:"前几年我想辞了职做视频,我同事说:'你这样会没钱吃饭的。'于是我裸辞,复习、考试,然后离开北京,去纽约大学当了个学生。到了纽约我也想拍我自己的生活,可是我的同学说:'你那么害羞,能对着镜头说话吗?'于是我买了个相机,对着镜头不断地说,不断地说,不断地说。上传了一个视频以后我想上传更多的视频,但是这个时候我的室友说:'你拍的这些东西大家根本就不想看,不是每个人都能红的。'于是我开始了闭关修炼模式,优化设备,学习技能,积累素材。就这样,在越来越多的人说你不能的时候,我拍了越来越多的视频,同时也有越来越多的人在以不同的方式说你不能,说你不够好看,说你流量不够,说网红就应该会唱跳,说国内没有Vlog土壤。我不想再听他们说那么多你不能了。所以,我决定活出我自己的样子。见识不够,我就走出去看看。Vlog内容无趣,我就去丰富自己的生活。提高不了外在,我就让生活更自律。在这条路上坚持了七千个小时,我做了好多他们以为我不能的事,终于被大家看见了。"

不愿被定义的她,在做视频的领域越来越专业化,收获了越来越多的奖项,也拥有了千万个喜爱她的粉丝。

02

电影《当幸福来敲门》里，主角克里斯的儿子兴致勃勃地想学篮球。

可他却对儿子说："你大概会和我以前的水平一样糟，有其父必有其子，我当时的篮球水平就处于平均以下，所以，大概你的最终水平也就和我一样。你在很多方面都很优秀，但是在篮球上不行，所以，我不希望你就这么在这整日整夜地练习投篮。"

看着儿子眼神里逐渐黯淡下去的光，他顿时意识到自己言语之间的杀伤力，便改口道："不要让别人告诉你成不了才。如果你有梦想的话，就要去捍卫它。如果你有理想的话，就要去努力实现。"

是的，这个世界上没有绝对的感同身受。没有人能够完全身处于你的位置上，也没有人能够对你有全面的认知。你的人生无须他人肆意指手画脚，然后像占卜师般一本正经地预测你的命运和未来。

有人可能经历了失败的恋情，于是告诉你世间没有真爱，结婚不过是搭伙过日子；有人可能仕途不顺，于是告诉你社会不公，多得是怀才不遇的人；有人可能手上有还不完的欠款，于是告诉你生活艰辛，梦想只是天方夜谭。然而呢？他们总说人生不像样，却从没有审视过自己为什么会把人生过得如此糟糕。自己做不到的事，也兀自判定别人也同样做不到。

那些真正对你的人生有真知灼见的人，是可以给你分析利弊、为你出谋划策的人，而不是一味阻止你、否定你的人。

03

姨妹小时候想学舞蹈，姨说我们家从来就没有一个有艺术细胞的人，学了也是白学，当即就断了她的念想。

直到姨妹上了大学，凭着一个好歌喉进入了校文艺部。在一次校元旦晚会排练中，部门一个学姐教她们跳舞时发现姨妹的舞蹈天分居然很高，万分遗憾地感叹：你没学舞蹈真是可惜了。姨妹当时很想哭却哭不出来，也不知道当初是谁耽误了谁。

念及学生时代的自己，也颇为愚昧，最终没有去美术班成了人生一大遗憾。我们那个小城市，那个年代，大部分人都固化地认为美术班、体育班是学习成绩不好走投无路的选择，根本不去思考自己未来想要的是什么，适合走什么样的路。

如今的我，对于早早就功成名就的设计师只能望洋兴叹。在最好的时间错过最好的机会，就只能在未来对时间巧取豪夺了。

《肖申克的救赎》的男主安迪被冤入狱，他并没有任由自己在舒适圈中自生自灭，而是开始策划长达十几年的越狱计划。他在监狱里开图书馆，帮监狱长作案，不断刷新自己的能力纪录。

他用行动给了自己希望,并创造了奇迹。

当有人对你说"不可能、不可以"的时候,不要急于认同。我们才是掌握自己命运的那个人,正如斯蒂芬·金所说:"每个人都是自己的上帝。如果你自己都放弃自己了,还有谁会救你?每个人都在忙,有的忙着生,有的忙着死。忙着追名逐利的你,忙着柴米油盐的你,停下来想一秒:你的大脑,是不是已经被体制化了?你的上帝在哪里?"

04

一位老师的女儿,她对学习兴趣不大,成绩不是很好,高中去了澳大利亚读书。

刚开始家里人不放心,老师同学也不太看好,小小年纪孤身一人在异国他乡,人生地不熟,语言不通,文化有差异,在国外功成名就谈何容易。

可小姑娘心性倔强,一门心思想要早日独立。她说,为什么别人不可以我也不可以?我说自己可以就可以,你们不能替我决定我的人生。家里人不再勉强,把她送出了国。

小姑娘发掘到了自己的经济头脑,大学读了金融,毕业后在一家有名的国际公司上班。不仅如此,她如愿在22岁的时候拿到了绿卡,还买了价值人民币50多万的私家车,真真算是年轻有为了。

当年和她同期留学的同学们，大多数只待了一年就回国了，之后只剩下她和另外一个男生留在了澳大利亚。

事实证明，成功的人一定是能坚持到最后的人。人生本就有太多束缚，为什么有选择的时候还要放弃呢？多少人都是从不被看好中过来的，最终令众人刮目相看。

《我的少女时代》里，林真心的一句话让我如雷贯耳："只有我们自己知道自己是谁，只有我们自己能决定自己的样子。"没错，想成为什么样的人，想做什么样的事，其实你早有定论。

这个世界，你不能决定的事情有很多。譬如，你不能决定天气的好坏，不能决定房价的涨跌，不能决定和平的期限，不能决定他人的看法，但是你可以决定自己要过一个怎样的人生。人生朝露溘至，无须犹豫不决，也无须庸人自扰，得失荣枯之间你终会活得游刃有余。最重要的是，这浮世人生你一直在场。

如阿信所说："只有你才能决定自己的DNA。"

不要让别人告诉你，你不能成才，你最应该清楚自己想要什么，毕竟你才是自己的神，在你活着的地方。

总是做能力范围之内的事，永远不会进步

推荐音乐：易烊千玺《亲爱的，这里没有一个人》

01

冉冉就职于一家文化公司，工作两年后她进入了"瓶颈"期。

在这两年里，她的工作几乎没有任何创新和亮点。一来二去，领导派发给她的任务也总是没有任何难度却繁杂琐碎的基础工作。

两年过去了，眼看同事们升职的升职，跳槽的跳槽，而冉冉仍然固守在原来并不出彩的岗位上，没有一点变化。朋友们打趣她"坚忍不拔"，堪称中国好员工。此时，她才感觉到职业落差的恐慌。

都说贩卖焦虑是一件不太道德的事，但不焦虑不是你不努力的理由，适当的焦虑感恰恰是前进的动力。

我曾问冉冉："对于突破自己，你有什么顾虑吗？"

她说:"我知道自己几斤几两,性格内向,又缺乏对外沟通的能力。"

"不试试怎么知道自己不行。"

"能力越大,责任就越大。我不奢望自己能出类拔萃,能完成一般工作就很好了。"

"可我们每个人都需要成长。"

实际上,她的思维非常跳跃,可却总是因为贪恋舒适而拒绝高难度的项目。

后来,在落差的驱使下,她终于决定"洗心革面",勇闯职场。

领导曾经每每询问大家谁能接手某个项目的时候,她总是第一个往后缩,想通后她终于化被动为主动,积极接手每项工作。

最开始她有点不适应,经历了很多次挫败,也犯过一些错误,但这些都没让她放弃。在发挥自己优势的同时,一次次的锻炼和磨合已经让她对各项工作驾轻就熟。

一年过去了,她的自身状态终于从静态模式调整到了动态模式,逐渐在公司以及行业内崭露头角。

而今,她走出了自己当初固守的小圈子,开拓出了更广阔的新天地。

02

大学之前,我从未想过自己有一天能当班长。

因为我从小到大说话声音都很小,而且性格也慢热。

刚被老师任命的时候,我的内心十分矛盾。心底一个声音一直讽刺我:你不行的,搞砸了就太丢人了。但另一个声音又在鼓励我:这是一个战胜自己的好机会,不要轻易放弃。

我突然想起小时候咬牙学骑自行车的我,不知道摔倒过多少次,那时候我满脑子里都是一个念头——"我一定可以"。

就这样,我给了自己一个机会。

最初在全班面前,我整个人非常紧张,发言也没有什么底气。但讲的话多了,声音自然而然就舒展开了,心态也放松了,不会莫名紧张了。

越是有难度的事,就越需要练习。做好一件事并不是完全由天赋决定的,凡是通过后天努力有希望实现的,哪怕有一线生机,我们也应该硬着头皮去试一试。

你期待100分的回报,可你往往只做了10分就觉得倾尽全力了。如果你想得到更好的结果,想遇见更好的人,想拥有更好的生活,就必须放手一搏。

看到别人分享成功的喜悦时,你分明是不甘的。你明明也有机会创造奇迹,却总是一味逃避。于是,你躲了一辈子,浪费了一辈子，后悔了一辈子。

每个人都有属于自己的自传。这本自传要写些什么，全看你怎么活。

03

因为一直生活在安逸的舒适圈，所以，你总是感到生活枯燥无味，日复一日，年复一年，时间在无限循环，日子在兜兜转转。

大多数人在面临选择时，都会挑选更为简单的事，而不是更有挑战性的事。稍有超出能力之外的事，你就会敬而远之，没有足够的耐心去承担、去应对。

你害怕失败后的失落感和羞耻感，害怕失去后的虚无感和孤独感。可是，你同时也失去了向上生长的勇气，生命划过最璀璨的时刻之后，只能等待衰落和死亡。

简单的事虽然容易达成，但永远不会令你成长。长此以往你的业务水平不会有丝毫提升，你的事业也会一直停滞不前。

优秀的个人价值在于你无法轻易被别人取代。

职场中，雇用一个新人远远比你划算。如果你没有独一无二的价值，你如何保证自己不被社会所淘汰？

没有之前的负重前行，哪来之后的岁月静好。成长，是一次次将你的认知剥离又重组的过程，每一次的得失都是新的博弈。从青涩时的痛不欲生到成熟后的云淡风轻，最终你长大了，也变强了。

活在残酷的竞争时代，就不可能独善其身。任何未知都是需要不断突破的，每个人身上也同样有很多未知，不逼自己一把，你永远不会知道自己的潜力到底有多少。

没有人会一直等你，生活也是。天空也不会为你永远放晴，它依旧会雷电涌动，风雨晦暝，你要赢得漂亮就必须无所畏惧地主动向前，而不是原地不动。

04

电影《功夫熊猫3》里，师父希望阿宝承担起神龙大侠的责任。

他对阿宝说："如果你只做能力范围之内的事，永远都没法进步。"

阿宝却说："可我不想进步，我觉得我这样挺好的。"

师父说："你连自己是谁都不知道。"

但阿宝的使命就是成为命中注定的那只熊猫。

大多数人并不知道自己的使命是什么，更不要说培养使命感了。

很多孩子，觉得学习是被学生身份逼迫，所以拼了命要长大；很多大人，觉得工作是被生活逼迫，所以拼了命要自由。在他们看来，人生总是身不由己的。所以，他们宁愿被拖着走，也不愿主动奔跑。

具有使命感的人，他们永远在积极追求生活，鞭策自我。每次挑战都是人生的第一次历险，他们行在前方，不惧艰难，驰骋于山川和大海，将昨天的自己留在过去，未来的每一天都是更好的自己。

谁能想到被轮椅禁锢了大半生的霍金，居然写出了《时间简史》，成为轰动世界的物理学家？谁又能想到生活在无光无声的世界里的海伦·凯勒，居然考入了哈佛大学，先后完成14本著作？他们是创造奇迹的人，也创造了属于自己的人生。

不平凡的人，终日都在努力去完成不可能的事，因为他们心中有数，深知什么是自己的人生使命。

该来的都会来，生活不会放过任何人，生命如长风，你想好要成为什么样的自己了吗？

Part 3
热爱可抵岁月漫长

什么时候你会觉得无能为力？

推荐音乐：Skylar Grey《Everything I Need》

你有过无能为力的时候吗？

我有过，而且很多。

或许是入不敷出，钱包里空空如也时；或许是出了门却发现钥匙被反锁在屋里；或许是加班到半夜，错过了末班车时；又或许是生老病死降临在我身边时。

人生的无能为力数不胜数。可是，我们最擅长的，应该是揣着"世界本没有路，走的人多了便有了路"的坚定，才能更好地对抗这种无能为力。

不知道从什么时候开始，咖啡成了我的亲密伴侣。虽然晚上喝了咖啡之后，胃整夜都会不舒服，但是为了避免打瞌睡，还是要打这一剂"强心剂"。闺密雅雅总说我这是在自虐。

我酒量很差，基本一杯倒。有天晚上我买了五瓶RIO（锐澳）鸡尾酒，撬开盖子一顿猛灌。朋友吓坏了，问我怎么了。我说没什么，就是觉得自己活得太脓包了些。

不知道该不该申请Working Holiday Visa（工作假期签证）的

名额，服装设计课程还没学完，雅思也一次没考。

只是对家里随口说了出国的计划，老妈就打电话来一顿说教："从小到大，你就一直任性。你说什么就是什么，你说要去北京，好，让你去了；你又说想学服装设计转行，好，让你去学了；现在你又想要出国，什么时候你也为我们想一想？我们年纪越来越大，你也不小了。你安安稳稳上个班找个对象多好啊，为什么非得这么折腾呢？"

当时我正在自己房间里吃着饭，一瞬间如鲠在喉，眼泪忍不住吧嗒吧嗒地往下掉。《深夜食堂》里说："哭着吃过饭的人，是能够走下去的。"这样讲的话，我真的无敌了。我原以为自己是个禁不住一点小风小浪的人，可事实证明，我总能奇迹般地从痛苦的剑刃上滚过去。或许因为我是一个不轻易认命的人，比其他人多了那么一点点勇气，自己总能给自己凿出一丝光亮。

隔天，老妈发来一条微信："我只是想让你早点成家立业，不想你过得那么辛苦。一个人在外面不容易，连我这个当妈的有时都佩服你，可更多的是心疼。"

我说："我是不想重蹈覆辙，但路是自己选的，即使爬也要爬过去。更何况，我已经在做自己喜欢做的事情了，还有什么好抱怨的呢？"

老妈说："我们尊重你的决定。"

我突然又苦涩、又内疚，作为父母，有我这样不安分的女儿一定很累吧。我就是一个不认命的人，即使在无能为力的时刻，我也要给自己一个努力的理由。

无能为力的是自己举步维艰，想要改变世界却发现什么都改变不了。妄想改变世界本就是无稽之谈，在此之前你只能改变自己。

"你有觉得无能为力的时候吗？"我问朋友。

他说："当然。"

三年前他毕业来到北京，三无人员一个，没车没房没户口，但幸运的是还有个女朋友在身边陪着。为了省钱，他和女友住在窗户只有巴掌大的暗间里。油烟机失修已久，卫生间和厨房脏不可耐，还有蟑螂不时出没。

女友在一家审计公司做会计，而他在一家广告公司做策划。两人在北京蜗居，各种压力和矛盾接踵而来。生活举步维艰，他和女友之间的关系从你侬我侬到忽冷忽热再到频频吵架，女友嫌他不求上进，他烦女友唠唠叨叨。

每天下班后，他就往椅子上一坐开始玩游戏，不到凌晨一两点绝不睡觉。

女友看不下去了，说："你不搭理我也就算了，你除了玩游戏，还能做点别的有用的事吗？"

朋友说："我是个男人，上了一天班，回来玩个游戏怎么了？"

工作不顺，他就在外面喝个酒气熏天，回来往床上一躺睡得昏天黑地。喝得不舒服了，就吐得迷迷糊糊。

日子久了，很多事情也变了。

终有一天，他们又大吵了一架。

女友说:"这样的日子我过够了,我每天伺候你吃、伺候你穿,你能不能心疼心疼我?我也想在节日里收到包包、口红和玫瑰,我也想每天被男朋友车接车送,不用挤公交地铁,我也想住在大房子里不用每天看不到阳光。我知道你会骂我太现实,可是这个社会本来就很现实,谁不想过得更好?就你现在这个状态,什么时候能奋斗出来?3年、5年还是10年?那时候你还不到40岁,可我呢?如果你还是没有任何改变呢?我的青春谁还能还给我?"

朋友说:"你就那么不相信我?"

女友说:"我不是不相信你,我是在你身上看不到希望。我可以跟你一起奋斗,可你这样怎么让我相信我们有未来?我们还是分手吧。"

这次,朋友没有任何反驳,只说了一个字:"好。"

女友和他分手后,跟另一个人在一起了。那个男人有车有房,在一家上市公司做财务总监。

朋友说:"我当时就是特别没出息,后来女友离开了,工作也丢了,像个孬种。脑子里顿时想起了《被嫌弃的松子的一生》里的一句话——'生而为人,我很抱歉'。"

我说:"说真的,姑娘没错,你没有反驳的余地,你就是活该。"

朋友说:"无能为力,自暴自弃,确实活该。"

我说:"幸好啊,我是在你不是浑蛋的时候认识的你。"

朋友说:"好好珍惜吧。"

一无所有的他，喝了一夜酒，睡了两天。他终于意识到自己丝毫没有责怪这个世界的权利，因为这个世界本来就不公平，而我们要做的就是在这些不公平中寻找公平。

腐烂的人生就摊在你眼前了，你有选择吗？如果有的选，谁还会睁着眼睛熬着夜？谁还会在狂风暴雨的时候挤地铁？谁还会起早贪黑在天寒地冻里摆摊？谁还会为了薪水做着自己不喜欢的事情？

什么时候你会感觉无能为力？是你走在大街上突然想念的人不在你身边却在你的心里，是你交了房租后发现自己身无分文，是你走投无路不得不重新开始，是你被这个世界伤害却丝毫没有还手之力。

"人生太艰难了。"我对朋友说。

朋友说："是啊，比如吧，钱就是个孙子，可我们活着偏偏就要为了钱装孙子。"

我说："钱不是万能的，可没有钱却是万万不能的。"

朋友说："现实如此，你只能努力改变自己，咬着牙走下去。"

人生如尼罗河中沉浮，不要轻视人生啊。每个人都有自己的伤痛，都有无能为力的时刻，而之所以无能为力，是因为你不够强大。只有你足够强大了，才有能力对抗来自世界的恶意。

借用《深夜食堂》里的一句话："人世间，流浪人归，亦若回流川，不要小瞧人生啊。" 当你觉得无能为力的时候，试着改变自己的人生吧。

你打算什么时候离开北京？

推荐音乐：阿信《当每颗星星》

没北漂过的人，或许永远不会懂其中的心酸。生活不易，野心未泯，我们何去何从？

我连北京的一个厕所也买不起

一线城市的房价让很多人望而却步，房租也不例外。

在三线城市，2 000元钱你或许可以租一套三居室，而在这里你或许只能租到一间十平方米的小房间。初入社会，你从大学宿舍搬进另外一个集体公寓，和整套屋子里的人共用一个客厅、厨房、卫生间。

和你合租的人形形色色，有带着孩子的夫妻，有时常吵架的恋人，有爱抽烟的程序员，还有爱搭讪的中年男人，有热情友好、素质高的，也有冷漠自私、不讲理的。概率随机，全凭运气。

刚来北京，觉得什么都贵。我记得第一次面试，中午想在西单找一家便宜的餐厅，但是找来找去只找到一个美食城，要了一份荷叶炒饭，18块钱，而在学校只需要五六块钱。炒饭很咸，一瓶水5块钱，我没舍得买。后来，回家路上有煎饼、烤冷面的路边摊，10块钱以内就可以让肚子心满意足。

我租房子的时候，曾问过五环外一套90平方米左右房子的价格，因为房子周围有一家幼儿园，所以房价略高，700万元左右。假如工资一个月5 000元，换算一下，一年是6万元，也就是说不吃不喝一辈子可能也买不起一套这样的房子。

但是，为什么还有那么多人迟迟不肯走呢？因为相信自己会有更多的可能性。

我不敢轻易穿白色鞋子

很多人都想把自己变成北京人，可出走半生还是没能如愿。每逢过节放假，北京便褪去往日的聒噪，顿时冷清起来。车站变成了人口密度骤然增长的场所，还有人因为买不到票而放声大哭。

我的家乡离北京还算近，之前从未对春运的压力感同身受过，直到一次国庆假期。客车票从提前两天售票改为一个月，我后来才得知这个消息。于是我买了从北京到天津的火车票，打算周转。不料，第二天因为工作原因我错过了那辆车，在窗口询问，所有的票已经全部卖光了。我拖着行李坐在候车位上，怨念翻江倒海，眼泪夺眶而出。原来，一张车票竟然可以给人无限的安全感，没有它你就成了一个无家可归的人。

年后回北京的那天，打算寄一个快递。顺丰小哥上门取件的时候，抱怨着狂风不止的恶劣天气。因为工作原因，他春节没有回家。在北京，有千千万万个外来务工人员，拼命努力地生活，无非是想挣得多一点，过得好一点。

你可以去北京西站外看看，人们提着大包小包，拖着行李箱，那是每个人的全部家当，也是全部的梦想。在天桥上上下下的人们，不管有多少行李，都要拿在手上、扛在肩上负重前行。经济条件不允许他们扔掉旧物品，只能来来回回背着。你再看看上下班高峰时的地铁站，那一条条排队的长龙，大家在路上消耗的时间足以从一座城市横跨到另一座城市。

我来北京住的第一个地方在六环外，我每天坐半个小时公交车到地铁站，然后再坐五站地铁到公司。你能体会没赶上一趟公交车的绝望吗？就好像月考试卷写完了却没涂答题卡般令人歇斯底里。

第一次回公寓的时候，我走错了地铁站出口，出来一看完全不认识，慌乱之下以为搞错了地铁站，于是又向前坐了一站，给同屋学姐打电话才知道同一站的地铁口有好几个，方向完全不同。还有一次坐公交车时，我坐过了一站，下了车茫然四顾，陌生的马路、陌生的建筑、陌生的黑夜，不禁有些毛骨悚然。找了好久才找到公交站，万幸赶上了最后一班回程车。

有一双白鞋我买了有两年了，但我从来没有穿过，因为害怕挤地铁的时候被一秒钟踩脏。

在这里，我们没车没房，能让我们改变的，只有身上的才华。

我总是和工作谈恋爱

大城市的生活节奏很快，很多人加班更是家常便饭。

在互联网公司上班的室友加班到凌晨五点，回家到床上倒头就睡；半夜还在公司盯项目进度的闺密，形单影只地听歌壮胆；在影视公司开会到半夜的朋友，还在为一个宣传文案绞尽脑汁。

我见到一些不会喝酒的人练成了"千杯不倒"，一些从不吃辣的人被公司派到四川造就了"金刚不坏"的胃。从不可能到可能，一部分叫自我蜕变，另一部分叫生活所迫。

成年后，我们将收起不谙世事的单纯，用大脑来计算工作效率和人际关系，努力让自己变得越来越优秀。

东京有很多独居女性，所以相关人士发明了一种男朋友窗帘，使用后会在窗帘上形成一个动态的男子投影，在外面看就好像你和男朋友一起生活一样。令人暖心的同时，又不免惹人心酸。谁喜欢孤单呢？谁又不怕黑呢？

一个人漂久了，也就逐渐成了众人眼中的大龄单身青年。外界对女性的年龄苛刻尤甚，女性的人生节奏时常被闲言碎语所驱使。

"男人四十一枝花，女人四十豆腐渣。别太挑，差不多就行了。"

"女人不要那么要强，抓紧嫁个好男人才是正事。"

……

当然，不能完全否定这些"善意"，只是每个人都有自己的活法，谁也不能代替谁做决定。

《女儿国》里有句话："世上安得两全法，不负如来不负卿。"讲的是唐玄奘西行取经，即使凡心悸动，也不能罔顾重任。

这个城市里，有很多人的时间是用秒计算的。为了早日让自己有资格拥有一席之地，我们放弃了很多。

举个例子，自媒体行业的工作者经常被调侃没有朋友，也没有恋爱和生活，不分昼夜地在追热点，拒绝各种邀约，放朋友鸽子，连感冒发烧都能自带励志属性：扶我起来，我还能再追个热点。

来北京三年，我成了空巢青年

夜晚的北京，更能让人看清它的繁华和寂寞。霓虹闪烁，我们渴望融入这座城市，却经常形单影只。这座城市，有谁能让我们放下戒备倾诉衷肠？有谁能让我们抱着痛哭一场？又有谁能让我们依赖不再彷徨？

《恋爱先生》里，程皓的父亲对三天没出门的罗玥说过一句话："就你们这样的空巢青年，背井离乡，独居独宿，真要是喝水呛死了，洗澡摔死了，十天半拉月的都没人发现。"虽然稍稍夸张了点，但却是大实话。仔细想想也会心疼自己，但那份不认输的倔强总会在无数个夜晚死而复生，生生不息。

学会一个人生活很重要，因为独立能让你快速成长。一个人吃饭，一个人睡觉，一个人读书，一个人听音乐，一个人喝咖啡，一个人等雨停，一个人擦眼泪，成长就是这般从一个人学会享受孤独开始的。孤独并不是一个不好的词汇，从某种意义上讲，它不是摧毁你，而是成就你。

这座城市，每天三分之二的时间都是用来热闹的。偶尔想念热闹的时候，你可以和朋友撸串儿、唠嗑儿，去后海、鼓楼走一走，去三里屯、西单逛一逛，看一部电影或话剧，听一场爵士或后摇。

北京，我恨你，却也爱你

很多人对这座城市又爱又恨——"真想离开，却又真舍不得"。

发生在北京这座城市里的故事，拥有无限的可能性。像《海上钢琴师》里看到的那样："连绵不绝的城市，什么都有，除了尽头，没有尽头。"这里可以将眼泪掩埋入黑夜，也可以将疼痛包裹进繁华。它将我们的天真击个粉碎，却也在修筑坚强。尽管现实一次又一次令人失望，却也一次又一次给予了机会。我们在这里乘风破浪，执剑天涯。

有人喜欢生活在三线城市，平凡安逸，知足常乐；也有人被现实阻挠不得不放弃。他们从未来过。有人相亲成功回乡结婚生子，有人厌倦了一线城市生活的压力，也有人需要照顾身体不好的爸妈。他们离开了。

而那些留下的人，孤注一掷只为梦想开花。一个月薪六千元的朋友，花三年时间攒了十五万元；一个普普通通的上班族朋友，工作五年后当上了文化创业公司的CEO；一个高中学历的朋友，三年拿下了本科文凭，后来又考上了重点大学的研究生。

我们在这里做梦，我们也在这里奋斗。声色犬马，万丈红尘，这是我们的世界、我们的城，怎么能轻易割舍？

打算什么时候离开北京呢？

还没想过，反正我不走。

又或许如一人所说："生活能望得到头的时候，我就会走。"

总有读者问我："在北京生活辛苦吗？"

引用两句回应："想要不辛苦，何必来北京？但我是凭自己的本事来的北京，干吗不爱呢？"

为了那些不能放弃的,我们都放弃了什么?

推荐音乐:田馥甄《矛盾》

01

希姐是我在饭局上认识的朋友,自媒体创业公司的CEO,雷厉风行、果断能干,似乎没有什么事情能难倒她。

她在二环住着属于自己的一套小房子,做着自己喜欢的工作,健身、旅行、出席大咖活动,风光无限,好不惬意。但谁又能知道,为了这不曾放弃的梦想,她曾经放弃过什么?

希姐说,之前为了做自己喜欢的事,放弃了稳定的工作,如今为了事业,放弃了自由。

我问她,值得吗?

她说,这是自己的选择,说值不值得太矫情了。人不就是在不断失去、不断拥有吗?得到的越多,失去的也就越多,加法和减法永远维持在一个相对平衡的状态。

五年前,希姐卖了自己的车,集结了几个志同道合的小伙伴,成立了一个工作室。创业初期,希姐除了东奔西走寻找客户,还要策划选题和活动,几乎每天都睡在工作室。

朋友几次三番给她介绍男朋友,她都摇摇头说以后再说吧;闺密兴冲冲约她一起去日本旅行,她回绝说最近太忙实在没有时间。而让她至今还耿耿于怀的一件事,是姥姥去世时,全家人都瞒着她,只因为那时她在国外谈一个很重要的合同。

在一场饭局上,她陪客户喝酒,浑然不知自己在发高烧。同事开车送她回家的时候才发觉,赶紧带她去了医院。打着吊瓶的她,坚持把项目方案修改好,合同确认好,才安心入睡。

努力这条路上,累是有的,委屈也是有的,但这些短暂的妥协,让她在未来变得更好。

"那些打不倒我的,终究会让我变得更强大。"你是否问过自己,什么是不能放弃的。为了不能放弃的那些,你又放弃了什么?

02

上学时,总觉得好累好累,无比羡慕成年人从学业中解脱的自由。学生时代有上不完的课、做不完的作业、考不完的试。以为侥幸偷懒也无关痛痒，以为自己可以骗得过自己，殊不知，偷过的懒终究会变成打脸的巴掌。

对于我，欲罢不能的小说、偶像的综艺节目、小伙伴的盛情邀约，在那时候都是致命的诱惑。而把时间花费在这些与学习无关的事情上之后又需要更多的时间来弥补。长久下来，我自然而然就落后了。

电影《超脱》中，老师对不学无术的学生说："你的成绩不及格，说明你不在乎。你没有抱负，没有一技之长，将来你得和百分之八十的人竞争，拿最低工资的劳动力，下辈子永无出头之日。不在乎谁不会啊，可是你连在乎的勇气都没有。"

迷茫缘于无知。年少时，很多人都不明白努力的意义是什么。你只是不断地在接收来自旁人的劝谏，比如要考个好大学，找个好工作，最后才可以出人头地。关于未知的未来，都是他人讲给你听的，你内心总会觉得他们只是在吓唬你，然后将那些苦口婆心的唠叨判定为道听途说。所以，很多人的努力都是被迫努力，而非心甘情愿。对于认识人生这件事，往往只有亲身经历了之后才会有认同感。你始终体会不到过来人恨铁不成钢的心情。你年轻气盛，肆意妄为。可待到时过境迁，却为时已晚。

进入学校，你抱怨学业；进入社会，你抱怨工作。巨大的压力让你习惯选择更为舒适的状态来逃避艰难的现实——睡个懒觉、看场电影、逛个街、泡会儿吧、刷会儿手机，总是沉溺于这些舒适中，然后时间就这样一分一秒地被消磨掉了。

而那些放弃了舒适的人，越活越努力，越活越优异。没有人喜欢辛苦，但一切命运的安排，就是建立在你付出努力的基础上的。

朋友萱萱有一句座右铭："我知道自己不够聪明，所以我比谁都努力。"当初为了能够顺利考研，她放弃了和朋友聚会的时间，放弃了和闺密逛街的趣味，放弃了和舍友在一起刷剧的快乐。她独来独往，总是人群里缺席的那个。其实一个孤独的人，比谁都向往狂欢，但她知道真正的狂欢，是自我的提升。

努力的意义在于可以拥有更多选择的机会。有时候你不知道如何选择，或许是因为过于贪婪，什么都想要。想要有所得，就要有所放弃。

03

木子在大学暑假时曾在饭店里当服务员。从早到晚，她忙得焦头烂额、筋疲力尽。

有一次因为菜上晚了，客人发了脾气，骂骂咧咧，还把开水溅到了她的腿上。她满心委屈，如鲠在喉，却不能表现出来，反而要一直笑脸相迎，等到夜深人静的时候才号啕大哭，把内心的情绪都发泄了出来。

《请回答1988》里有一句话："人真正变强大，不是因为守护着自尊心，而是抛开自尊心的时候。"每个人都有自己的苦，为了那些不能放弃的，我们往往要放弃另一些东西。一路走来，你放弃了什么，又在坚持着什么呢？

我知道，或许一路走来你放弃过很多，你曾有过遗憾，也曾有过绝望和失望，但你还是要为了不能放弃的继续向前走。

我问在知名企业做高管的霏姐："你曾经有没有不得已放弃过什么？"

霏姐说："这个问题应该提及的人不是我自己，而是我弟弟。"

霏姐的原生家境不是很好。弟弟在18岁的时候主动辍学，外出打工供她读大学。她极力反对，但弟弟安慰她说："没关系，反正我学习不好，现在我养你，将来等你有出息了再养我。"霏姐回忆当年，仍有一丝内疚："其实他很聪明，让我一度怀疑他故意不好好读书，好找个冠冕堂皇的理由去打工。他放弃了属于自己的机会，把好的机会让给了我，我又怎么可能不努力。"

《寻梦环游记》里，米格的爷爷为了音乐放弃了家庭，最后顿悟家才是不能放弃的；《大话西游》里，至尊宝为了救紫霞，自愿戴上金箍，从此失去自由，与心爱的人形同陌路；《盗墓笔记》里，吴邪愿意为了使命，从天真的小三爷变成工于心计的邪帝。

有时，放弃比不放弃要难过得多。但这就是人生，舍得，舍得，有舍才有得。

04

要知道自己想要什么,首先要知道自己必须放弃什么。

阿信说:"我们除背上背的是乐器不是武器之外,我们的确是结伙的一群抢匪了。在生命中开始抢下了一点梦想,在成长里开始抢回一点青春,在音乐的旅途中开始抢来了一些不知道是什么的记录。"这些抢来的梦想,就是他们不能放弃的,而那些放弃的,就是为了梦想妥协的事情。

很喜欢王小波的这句话:"人的一切痛苦,本质上都是对自己无能的愤怒。"

想要让自己活得有价值,总要有所付出。为了那一点点不能放弃的事,往往要放弃很多很多。不要奢望只付出一分努力,就能得到一百分的回报。你不能对梦想总是要求得多,投入得少,对世界总是抱怨得多,付出得少。

人生是很公平的,不论你是贫穷还是富贵,你都只有一次人生。不放弃,是信念;放弃,是孤注一掷。不管你是谁,希望你在人生这条单行道上,勇敢地活出自己。

人生不打没有准备的仗

推荐音乐:五月天《夜访吸血鬼》

01

有位男孩读者,今年上初中二年级,学习成绩不好,平日压力很大。他对我说:"我想要的生活不是现在这样的,我每天都感觉很累、很疲惫,不知道该怎么办。"

我说:"你想要什么样的生活呢?那么以你现在的年纪,除了读书,你有什么其他可以拥有理想生活的资本吗?这里的前提是不依靠父母,自力更生。"

他说:"只要不读书就行,我现在一看书就想睡觉,真的太难熬了。"

我说:"你从未踏足社会,误以为成人的世界可以随心所欲,所以你急着摆脱学校和父母的束缚。成年人真的自由吗?不是的,就拿你的父母来说,他们何尝不想停下辛苦的工作好好休息一下,可是他们不能。因为他们需要养家,这就是责任。"

他哑口无言。隔了许久,他回复我:"我明白了,在什么阶段就应该做什么事情。"

读书这件事,是不该轻易放弃的。因为,它在你心里还未足够重要,你才会得过且过。不喜欢读书,不代表读书没有用。如果你无法把它当作兴趣,就把它当作升级通关的任务。

小时候总是异想天开,还没练好功夫,就急着仗剑走天涯,浪迹江湖。生活不会给你重来的机会,抱着重在参与的侥幸心理,只会把生活弄得一团糟。

梦想是有重量的,你只有不断给自己加码,才能换取等值的回报。

02

晓晓在一家村镇银行工作,她最近从支行调到了总行,琐事繁多。领导下达各种任务指标,员工完不成就会被扣钱,休假也不被批准。

她一脸愤懑地说:"我真的一点都不喜欢这个工作!我想辞职,可爸妈怎么都不同意。"

我说:"在父母那一代人的眼里,银行的工作虽然繁杂了些,但总算是铁饭碗,肯定不希望你轻易放弃。不过话说回来,如果你辞职了,有什么规划吗?"

她却说:"我现在没有心情想这些。"

我知道,上个月她刚刚结束了五年的感情,整个人就像被放空了一般。她一蹶不振的状态,似乎也是一种后遗症。

我并非站着说话不腰疼,我深知这种痛彻心扉的感觉永远无法完全感同身受。可正因为我处于客观角度,所以更能理智地剖析现实。

我试图劝说她:"你要慢慢调整你的心态,如果总想不好的事情那么永远不会变好。"

她说:"我需要考虑的事情太多了,你问我规划,我怎么规划?所有的事情都不按照我的规划发生,所有的不好都在发生。"

我说:"没有一个人能够预料自己未来遇到的状况,但我们还是要时刻准备着。别人的苦你也未必知道,改变自己就是为了让自己更强大,不再被类似的状况弄得手足无措。"

她说:"别人我不知道,我只知道面对这些我快撑不下去了。一直振作,那些不好的就不会存在了吗?"

我说:"你累了可以任自己放纵一下,躺在沙发里睡几天,哪怕出去旅行几天散散心,但是你不能一直陷在旋涡里不出来,不自救谁也救不了你。假设你真的辞职了,那么问题来了,下一份工作你打算去哪个行业、哪家公司?你是否具备了跳槽到更高的职位的能力?如果下一份工作还是很忙,你又如何面对?这些你都没想过。"

我当然支持她做自己喜欢的事，但很显然，她只是想逃避，而不是重新开始。剪不断，理还乱。

只有好好对过去挥手告别，好好对未来计划衔接，人生的节奏才不会被打乱。

03

我们都有向往的生活，但生活不是靠一时兴起就能创造的。

有些人才华配不上梦想，能力配不上运气，纵使拥有得天独厚的条件也无济于事；有些人虽然不够幸运但是足够努力，砂石也掩盖不住他金子般的光芒。

这就是我们常说的，越努力的人越幸运。

朋友无意间说起自己公司两位员工的故事。

三年前，阿静作为应届生进入职场。对面的同事阿兰经常向她吐槽新人工作事务繁杂，常常加班，升职加薪更是遥遥无期，付出和工资不成比例。

阿静一笑而过，并未将这些话放在心上。工作上阿兰得过且过，总是出入各种社交聚会场合，想通过和行业大咖搞好关系，依附对方的资源一步登天，却从来没花过心思认真锻炼自己的业务能力。而阿静工作仔细踏实，就算是小case（项目）也兢兢业业、毫不马虎。慢慢地，合作伙伴经常介绍优质资源给她，几经辗转，连知名上市公司的资源竟也慢慢积累了许多。

有一回，公司拿下了一个重点项目，主管刚开始交给了阿兰。阿兰虽然见过很多行业大咖，但自己的业务能力不过关，对方的态度总是漫不经心。一时之间，阿兰竟然处于求助无门的境地。结果项目进度缓慢，差点儿误了大事。中途，主管将项目转交给了阿静才柳暗花明。

后来公司整改，阿静因为表现优秀被提升为组长。阿兰辞职去了一家小公司，似乎是意识到自己业务能力不成熟，脸上无光。

当你的能力配不上你的野心时，不妨问问自己是否已经做好了充分的准备。

04

《冬眠》里有这样一句话："我们疲于奔命，做出好似大有可为的假象，每天早上我都有绝妙的想法，整天却都在无所事事。"

几乎每个人都幻想过自己的成功，就算咸鱼也会白日做梦。可这些白日做梦的人，却千差万别。有人躬身自省，抓住一缕信念，步步精进；有人怨天尤人，空有一腔热血，力不胜任。

梦想的路上，被质疑是再正常不过的事情了。拥有足够的实力后，自然不会被小觑。但切勿盲目自信，明明实力不够还好高骛远，不切实际。人生无论哪个阶段，都应该怀有一颗谦卑的心。

千里之行，始于足下。志存高远，就更应该脚踏实地。还没有扎好马步就想练就绝世武功，时机不成熟，就会走火入魔，自食其果。

有个词叫"门当户对"，指男女双方的家庭地位、经济状况和工作能力旗鼓相当。倘若把人生比作伴侣，也是同样的道理。做任何事情都应该有备而来，而不仅仅是碰运气。你的个人能力达到什么程度，就会匹配什么样的社会地位和经济实力，这是自我的价值销售。

机会来了却不尝试叫作"懦弱"，不愿意努力就想得到命运的眷顾叫"拎不清"。

"我可以""我希望""我值得更好的"……这些信誓旦旦的未来可期，前提是你要真的让自己变得更好。我们都明白世间事情并非一蹴而就，你现在的每一分努力都是未来成功的资本。

高岭之花未必不可得，未来值得期待，你要勇敢追寻。只是你要蓄势待发，而不是逞匹夫之勇。

年轻，最大的资本就是不怕失败

推荐音乐：周杰伦《稻香》

01

有读者留言问："努力就会成功吗？"

我回答她："努力不一定会成功，但不努力就一定不会成功。"

我很喜欢电影《阳光小美女》中的一句台词："你知道什么是失败？真正失败的人，就是那种特别害怕不能成功，怕死了，连试都不敢试的人。"只有放弃，才是真正的失败。

总是有人害怕万一失败了怎么办？可是仔细想来，这不正是年轻最大的资本吗？就算你失败了，也不会失去太多。大不了从头开始，有什么好畏惧的呢？

刘嘉玲在《我是演说家》里说："我是一个对生命充满了好奇和热情的人，我不怕冒险，更不怕失败。我觉得失败的经历，往往给了我最宝贵的经验,让我更清楚地认知生命的本质,然后走出一条属于自己的人生道路。"

我也曾害怕失败,还没有出发,就畏葸不前。在做一件事之前的确需要未雨绸缪,但不是灰心丧气,而是既抱最大的期望,也做最坏的打算。

很多人"好心"劝我:有这么多人都尝试过了,你还要执迷不悟吗?听得多了,我也开始质疑自己,唯唯诺诺,犹疑不决。以至于一次小小的失败就会让我陷入"崩溃",一蹶不振。慢慢地,我发现自己失去了斗志,甚至觉得自己一无是处,人生一败涂地。突然有一天,我发现私信里有人发来一句话:"好喜欢你的文字,加油,会永远支持你。"就这样简简单单的一句话,却弥散着暄暖的温度,将冰封已久的希望融化。那一刻,好像全部力量回来了一大半,被期待的感觉太美好了。原来,放弃了努力,便是放弃了自我价值。

只有经历失败,我们才会被迫成长。失败看似是阻碍,实际上却是厚积薄发的垫脚石。

02

有一个网络用词叫作"佛系",万般随缘不强求。云淡风轻的态度固然可贵,但对所有事物失去激情却不该成为年轻人随波逐流的人生态度。

为什么越来越多的人都热衷于这种佛系的状态呢？因为努力实在是太辛苦了，失败实在是太令人绝望了，所以才会对自己说"就这样吧"。

小时候天不怕地不怕，因为少不更事，不知畏惧，越长大反而越胆怯。一路成长，我们渐渐产生恐惧、羞愧、自卑、失落等一系列的心理反应，一旦失败，这些情绪压力便随之而来，让我们瞬间屈服。

回答一个问题怕答错永远不敢举手，喜欢一个人怕他不喜欢自己永远不敢告白，想做一件事情怕结果不尽如人意永远不敢尝试。因为这些可悲的羞耻心，我们一次次错失良机，享用着年轻的身体，而逐步冷却的心早已不再蠢蠢欲动。

为了逃避失败，没有欲望变成了最好的借口。大多时候，我们并非不想，而是不敢。我们如同命运的傀儡，不再顽强抵抗，只会唯命是从。

很多人都把自己提前列入了老龄化的行列，"老了，折腾不动了"甚至竟然成了大多青年人的托词。年纪老了不可怕，可怕的是心老了，人生就真的再也没有希望了。

03

朋友的公司正在招聘业务员，作为HR的她有不少考量。新人内心浮躁，一年跳槽三四个公司的大有人在，这对公司培养人才方面是很大的损失。而业内老人呢？墨守成规的太多，正因为太了解业内规则，往往过于小心谨慎，思维固化。

最近收到的应聘简历中，有一个女孩学历不错，在业内工作了六年，经验也足够，但最终还是没有选择她。

朋友表示，这个女孩工作了六年，其中连续五年在同一所公司，并且职位没有任何提升。一方面，说明她几年来工作都没有什么重大突破。另一方面，能够心甘情愿在一家公司原地不动待这么久，说明她习惯了安逸，没有冒险精神。

做任何事情不宜冲动，应该深思熟虑，但我们不能一直停留在设想阶段，一味地瞻前顾后并不是年轻人该有的姿态。

人如果一直停在原地，是不会成长的。失败只是在用结果告诉你：或许你不够努力，又或许这个方法不对。只有经历失败，你才能不断修正自己的过错，才能认清自己的方向。

04

我们总会因为害怕而不敢轻易去尝试一件事，导致一次次痛失良机而追悔莫及。不甘平凡，却一直屈就于平凡。

大部分时间里，我们担心犯错，所以总是在看别人怎么做、怎么活。可每个人都有属于自己的活法，你不是其他的任何人，你只是你自己。

不要因为害怕失败，还没开始就急于否定自己，这样只会让自己越来越不自信。

如果因为失败，你轻言放弃，不再努力，不再拼命，不再追寻，那才是真正的无望。我们可以做失败者，但是不可以做弱者。

面对失败，我们可以哭，可以疼，但不能轻易认输。有的人还年轻，但他的心却已经老了；有的人虽然老了，但他的心态仍然年轻。成功，不分年龄，没有什么早晚与否。面对失败，最好的方式就是坦然面对，然后重整旗鼓。

谁都无法轻轻松松越过人生的跨栏，失败并没有那么可怕，跌倒了站起来继续奔跑才是真正的勇士。年轻应该成为你的资本，你有大把的机会、充沛的时间，还有沸腾的热血。不前进的话，就无法确认对错与否了。趁年轻，多为将来积累一些经验。否则，等到有心无力的那天，一切都为时已晚。

哪有那么多一夜成名？还不都是千锤百炼。没有人知道未来会发生什么，但至少努力过就不会后悔。在努力的过程中，酸甜苦辣都是你成长的印记，然后你会因为这些事情而快乐，便不算蹉跎了岁月。

一次失败不代表一生失败，荣辱都只是暂时的。最重要的是，我们在人生这条路上要全力以赴。

我希望，青春之后，我们依然用力地活着。

梦想的对立面不是现实,而是自己

推荐音乐:花粥《出山》

很多人私信问我:该怎样权衡梦想和现实,如何选择才是正确的。其实梦想和现实都是主观意愿方面的选择,这个命题是没有固定答案的。

01

《归去来》里,有几段关于梦想的写照,很写实,也很戳心。

母亲卧病在床,萧清毅然决然地选择了休学。她说:"我一直以为我是凭自己的努力一步一步走上更高的台阶,但其实我每一步的脚下,都有我爸妈在为我添砖加瓦。如果我还只想着自己攀登,那我就太自私了。我不能为了让他们成就我,不敢享受,不敢旅游,不敢休息,甚至不敢生病。"

神志不清的爷爷走失，后来被送回家。宁鸣看到爷爷满背的伤痕，果断收起了弗朗西斯科大学的邀请函。但父母发现通知书后，一言不发地为他开始收拾行李。他说："理想催人前行，亲人拽人回首，然后我们就用一生时间往返于前方和故里之间。"

小时候有一段时间，我非常喜欢漫画，梦想长大后可以做一名漫画家。那时我的零花钱一天只有几毛钱，好不容易攒了半个月。当我满心欢喜把朝思暮想的一本漫画指导书买回来时，却没想到学漫画的成本远远超过了我的预想。光是需要用到的工具，七七八八加起来就已经超过我的学费了。我深知家里的经济状况不足以支撑我的这个梦想，所以暗自打消了这个念头。

梦想超出能力范围时，我们往往不得已选择放弃。虽然我们有权利做梦，但山穷水尽的代价，实在是太过昂贵了。

现实迫使很多人失去了梦想，甚至来不及和它道别。因为在我们的一生中放不下的除了梦想，还有责任。有些人相对比较幸运，他们的家人有能力做出一点牺牲为他们换取实现梦想的机会，但现实里有更多的人连牺牲的成本都没有，从此失去了做梦的自由，甚至从来就没有过做梦的机会。

02

一时的放弃并不等于永远的放弃，倘若现实让我们错过一次机会，那就为自己再创造一个机会。一个有梦想、有野心的人，决不会轻易妥协。大多数人的梦想只是被按了暂停键，而不是停止键。

一个初中生给我留言，说她梦想成为一名作家，但遭到了周围人无情的嘲笑。同学说她痴人说梦，父母说她阅历不够，她顿时陷入自我怀疑和百般委屈之中。有梦想是好事，但我并不建议她此刻就急功近利地开始盲目追梦。因为，这个阶段最重要的还是文化科目和考试，写作可以作为一项爱好在业余时间发展，但不是冒着荒废学业的风险将写作替换成生活的重心。等到学历再高一点，知识储备更多一点，再加上多年的坚持和积累，我相信一定会事半功倍。

有些人可能小小年纪就早早被家里人安排出国留学，而有些人只能通过自己的不懈努力考上一所好大学，然后以优异的成绩或者导师的推荐才有进修的机会。现实决定了梦想的起点，但终点由自己决定。只不过我们有时候走的时间要久一点，走的弯路也要多一点。

小时候我始终都想不通，《西游记》里唐僧的徒弟明明个个都能腾云驾雾，为什么他们还要徒步走过几万里，多此一举呢？小时不懂剧中意，长大已是剧中人。九九八十一难就是他们师徒四人的现实阻碍，不经历现实的磨炼，就一无所得。我们也是如此，千里之行，始于足下。或许正是因为在现实里多走了那么多的路，才能懂得世间的难易、悲喜，以及相同和对立。

03

我们永远不可能拥有真正意义上的自由,负重前行是为了能有更多的机会和选择。现实是什么?现实就是真实的生活状况,我们背负着现实成长,然后再努力把梦想变成现实。

暂时放弃梦想,未必就再无希望。现实面前,物质是梦想最大的阻挠,然后就是自己。

阿宇辞去了在北京一份收入可观的工作,回家乡后在父母的介绍下进了一家企业,相亲,结婚,生子,后来他和表哥合伙开了一家餐馆,生意红火,日子过得风生水起。对于他来说,家庭友爱和睦、生活有滋有味未尝不是人生的另一种成功。

就算我们被现实桎梏,也不代表就应该听天由命,混沌度日。没有付诸行动的梦想都是痴心妄想,更何况梦想从不是一朝一夕就能实现的。

影子大学毕业那年,去了一家娱乐媒体实习,机会使然又去了自己偶像的经纪公司面试。最后,她还是选择了去英国读书实现梦想,从医学到传媒的跨专业学习,其中的艰辛付出只有自己心知肚明。她的努力效率很高,行动配得上做梦的速度。

去年冬天的一个夜晚,我和影子还有阿渡走在三里屯的大街上,探讨着未来该何去何从。

其实,对于影子来说,即使不出国也可以轻松地在国内找到一份不错的工作，按部就班地升职加薪。

"出国念书的成本不是个小数目，也许好好找份工作也不错。"

"其实，如果可以出国念书，这是一个难得的机会。虽然家庭会有一点压力，但是在可承受范围内的话，就不要轻易放弃。"

留学生活可以让一个人收获很多，成长很多。虽然在异国他乡举目无亲，随之而来的孤独和辛苦不言而喻，但我相信留学归来的她，眼界会更开阔，见识会更高远。除了运气的部分，努力即为所得。

阿渡在江西老家待了三个月，最终还是选择回到了北京。她在微信朋友圈里说着"我想奋起直追，又恐力不从心；我愿混沌度日，又怕荒废光阴"，和我聊天的时候说着"对自己太好，日日混吃等死"，但是我知道，从选择梦想的那一刻开始，我们谁都没有退路。

04

伍迪·艾伦说："我的理解是人们被迫选择现实，抛弃幻想，但现实总会伤人，幻想又只是疯狂。人生就是个双输的游戏。"不论是梦想还是现实，都没有那么容易。选择梦想要翻山越岭,四渡赤水;选择现实会归于平淡,心有不甘。

所以,我们总是在踌躇不决。如果就此认命了又不甘壮志未酬,放手一搏又怕徒劳无功。选择现实,或许就此拥有平凡安逸;选择梦想,或许有幸获得功名成就。无论哪种生活方式,能否获得幸福,只有自己才能给出答案。

我们最大的错误,就是总爱把自己的人生和他人的人生相提并论。我们一直在追寻自由,小时候羡慕成年人,长大了羡慕活得随心所欲的人。但自由是自己给予的,无论现实还是梦想,我们忠于自己想要的生活,才是真正的自由。

《上海女子图鉴》里,赵嘉对罗海燕说:"如果你觉得撑不下去,只能证明你选择的这条路是错的。"

每个人的能力不同,境遇不同,决定了自己可以走多远。没有人可以完全摆脱现实生活,人人向往的"诗和远方",只是能让人暂时忘却烦恼的避风港,而不是永远的桃花源。接受现实,是为了让自己更加确定自己想要的是什么。

若是选择了现实,并不代表输,或许平平淡淡的人生刚好适合我们。若是选择了梦想,也不代表赢,任重而道远,孤注一掷才可能过上自己想要的生活。

我们总要做出选择。与其说总有一些要放弃,不如说总有一些适合我们的生活方式。人生可以没有野心,但是不能没有希望。

每一个优秀的人,背后都在偷偷努力

推荐音乐:五月天《顽固》

01

我经常觉得这世上有很多天之骄子。

他们好像不用付出太多的力气,仅凭那一点点与生俱来的天赋,就可以取得超乎常人的成就。

大学时我曾经加入过街舞社,教我街舞的学姐跳得非常好,无论是用哪首歌做背景音乐都能掌控自如,她跳舞的画面动感迷人。

听说,学姐大一加入街舞社,半年后就代表学校拿下全市街舞大赛的第一名。我羡慕她天赋颇高,因为我常常连几个基础动作都做不好。渐渐地,我放弃了,甚至会找各种各样的理由缺席社团的街舞课。

再见到学姐,是在她们那届的毕业晚会上。

她突然问起我，为什么后来不去街舞社了？

我不好意思地说："我可能不太适合，因为我每次都做不好。"

她说："可是当年的我还不如你呢。"

我有些吃惊，觉得她似乎在骗我。

谁料，她一脸认真地说："真的，有位老师直言劝我放弃，但我没有。"

没课的时候，舍友都在忙着刷剧、逛街、玩游戏，可她却每天背着电脑去练舞，直到宿舍楼熄灯。周末早上舍友们还赖在被窝里、徘徊在梦乡中，她却早早地出现在练习室。

她说："如果你真的想跳好街舞，上课的时间是远远不够的，必须要偷偷努力。"

仔细想想，她说的都对。下课后即使有空闲，我也会想方设法地偷懒，把时间都浪费掉了。失败者总是有各种各样的借口。我总是把自己的失败归结于天赋不够，把别人的成功归结于幸运和偶然。这样，我就会心安理得地接受这样的自己，然后顺其自然地接受命运的安排。

02

某天朋友向我抱怨："我太羡慕你们这些有理想的人了，我真的不知道自己能干什么。"

我建议她："学学摄影蛮不错的。"

她说："但是我的审美实在太差了。"

我说："或者，你不是喜欢吃吗？可以围绕食物来培养自己的兴趣，然后去深入学习。比如，烘焙啊，西餐啊，再不济，还可以开个零食网店嘛。"

她想了想说："我是喜欢吃，但不想搞那些精致的，太麻烦了。"

我说："任何一件事情都要潜心学习，像品味、审美这种靠主观感受的，也需要日积月累慢慢摸索。"

她点了点头，一副恍然大悟的样子。

可说完没多久，她就又去玩手机了。

看吧，很多人就是如此，贪慕别人的成就，却没有逼迫自己的勇气。在别人"不自量力"的嘲讽后，极度自卑，然后认命妥协。不是每个成功的人，都是天选之人。毋庸置疑，运气在人生中真的很重要，但你明明没有运气，却还不去努力，就永远都没有翻身的机会。

一个游戏主播在聊天时坦然讲述自己的直播经历。

他刚刚做直播的时候连一个手机都买不起。于是，他申请了一张信用卡，花两万元买了一部手机和一台电脑。

当时刚好有款新游戏，为了提高其中一种热门玩法的技术，他连续苦练了23个小时，连吃饭、喝水也顾不上。功夫不负有心人，第二天直播时他的人气大增，粉丝暴涨到百万。

很多人对努力有过误解，总认为优秀的人大部分来自命运的垂青。但其实，他们有多幸运，实际上就有多努力。幸运是别人看到的结果，努力是自己经历的过程。

03

汪涵曾在节目里说："很多人以为我能出口成章是靠天赋，但我其实是一个在背地里非常努力的人。我大概十几二十来岁起，就没有再进过KTV，我也没有泡过吧，天天躲在家里不断地看书，看很多很多的书，而且经常是从夜里九点钟看到早晨七点钟，然后我会把我认为最好的句子，或者是最感动我的一些思想不断地在自己内心咀嚼，有的时候我甚至还会对着镜子去重复说那些东西，好让自己在表达的时候更加自然。我有的时候还会临时写很多即兴演讲的题目，然后放到桌子上，自己临时去抽，抽到哪个三分钟准备对着镜子就开始说，必须要说到五分钟。这个已经是我在二十多岁时就对自己进行的训练。所以，所有的成功都一定是在偷偷地、不断地努力，暗地里努力。"

我们佩服着的人，之所以优秀，大多依靠自身的努力。

身边的朋友时常会或多或少地夸赞我：写作方面过于常人，文字脍炙人口。

但其实我真的没有什么特殊捷径，或许这所谓的特长和我童年经历有关。每次玩游戏被朋友嘲笑没有童年时，我都会回想一下自己的童年究竟在做什么。我的童年没有游戏机，也没有玩具，陪伴我的只有一本本的书。

上大学之前，爸爸妈妈是禁止我看电视的。偶尔我也会故作叛逆地偷偷看，但我大部分的业余时间都在阅读。那时候买书算是一项相对奢侈的消费，于是周末写作业累了，我就会去书店里看书，一看就是一下午或者一天。

从《作文大全》到毕淑敏、贾平凹、林清玄的散文，再到三毛的小说，再到国内外名著。阅读成了我生活的一部分，也让我养成了摘抄的习惯。潜移默化之中，我开始自己撰写美丽的小句子，一句变成一段，一段变成一章。

大约就是这样常年的耳濡目染，让我比别人多了一项日积月累的写作优势。阅读时间琐碎无常，看起来不值一提，却举足轻重，因为差距往往就是在一点一滴之间拉开的。

没有无缘无故的成功，更没有无缘无故的失败。

你只看到他人谈笑风生，却不知道其实每个人都在负重前行。

04

在韩剧《请回答1994》里，七封因为表现优秀而引起队友的嫉妒。

队友冷嘲热讽地对别人说："他优秀还不是因为他家境优渥，七封的父亲每个月还会请棒球部的人聚餐，过节的时候还会给主教练和教练送很多礼物，而我那在南大门卖山寨袜子的父亲，哪敢想什么聚餐？买个球棒就已经很不错了。我们就只能当他的替补。"

可那个人却回答他："你知道七封是从什么时候开始打得这么好的，又是从什么时候开始当首发的吗？他在高二头一次当上首发，在那之前完全是个无名小卒。听说你高一的时候是第四棒啊，七封高一的时候只负责给你们扔球，但当时的他可没像现在的你一样自卑无力。他整天追着学长们，求他们教他。他第一个起床，跑步一小时，下午训练结束，自己练投500个球。那个训练他可是从小学三年级开始做的，从刚开始打棒球的时候就一天不落，够狠吧。他真的很努力，但就是不行，我那时候觉得，棒球果然需要天生的才能。但他从某个时刻开始，突然成长了起来，别人都以为他的才能是与生俱来的，新闻里还把他捧成了天才。你有他那么努力吗？有像他一样付出过吗？还有，我头一次知道你们是七封的替补，他可从来都没有说过。"

我们常常因为自己不够优秀而找各种各样的原因，觉得他人的光芒全部来自命运的眷顾。这样，我们就可以冠冕堂皇地嗤之以鼻，用"还不是他家境好""还不是老天爷赏饭吃""还不是他运气好"之类的话来宽慰自己。大多数人总是忽略"他比我努力"，却不断强调"他比我幸运"。

优秀离不开背后的努力。与其抱怨得到的比别人少，抱怨时运不济、社会不公，不如依靠自己的努力改写命运。

毋庸置疑，成功难免有幸运的成分在，但越努力才会越幸运。

比你优秀的人都在偷偷努力，那么从现在开始，不要再自欺欺人了。

或许这个城市残酷，同时也是她的慈悲

推荐音乐：金志文《送你一匹马》

01

阿北从老家回来了，从她的五线小城市逃回了车水马龙的北京。

我去北京西站接她的时候，发现她胖了不少。

我调侃阿北："家里伙食不错。"

阿北一脸无辜地说："我是易胖体质。"

我问她："怎么又回来了？"

阿北叹了口气："家里待不下去，好好的人待久了都无欲无求了。"

那段日子，阿北父母单位的同事们闲来无事就开始八卦。谁家闺女找了个有钱的女婿啦，谁家买了新楼房、换了新车啦，谁家孩子考上重点学校啦……阿北听得晕头转向，恨不得立刻逃离那个家长里短的巨型攀比现场。

亲朋好友隔三岔五便来催婚,来来回回就那几句。

"哎哟,都二十六岁了,还不找对象结婚,过两年好的男孩子都被挑走了,你就只能嫁离婚的男人了。"

"你看看像你这么大的姑娘,孩子都好几岁了。"

"差不多就行了,在咱这眼光不要太高。"

……

阿北不悦,心想女孩又不是放在架子上的货物,任谁都能挑三拣四的。但看着他们日渐高涨的热情,她也只好一笑而过。

早早结了婚的闺密和老公天天吵得不可开交,似乎已经对这样的日子习以为常。"将就过吧,离婚了又怎样,婚姻走到最后都不过如此。"

在社交环境的潜移默化影响之下,阿北感觉自己天天混沌度日,人生毫无意义。问及朋友的梦想,对方觉得十分好笑:"梦想?太遥远了吧。把眼前的日子过好才是现实。"

阿北下定决心回来,县城的光太暗,梦想无处安放。那一眼就能望到尽头的日子,对她来说并不是安逸,而是煎熬。

她确定了,自己不属于那里。

在北京,生活似乎不允许我们有一丝懈怠。有时会加班到凌晨,永远有开不完的会议;在北京落地生根看起来遥遥无期,信用卡不断在提醒她消费过高;最怕下雨天人群把地铁口围得水泄不通,只好步行去一公里外不那么拥挤的地铁口进站。

然而,这个城市除了冷漠,也有温情。下班后可以和同事去五道口吃夜宵，周末可以和朋友去看各种各样的艺术展，还可以在24小时营业的店里肆意撸串。

虽然这个城市每天都在用各种残酷的方式进行着优胜劣汰，但正因如此，我们才要不断地让自己变得更优秀、更强大。

在这里待得久了，对于吃苦我们早已习以为常。为了心中的理想，我们一步步坚持，一点点努力，慢慢地变得越来越好。正因为经历过那些苦，所以才收获了之后的甜，热爱可抵岁月漫长。

02

阿渡带着她的猫——虎妞回了心心念念的北京。

爸妈把她叫回江西，她回去待了三个月还是回来了。在江西，多少次她半夜想吃小龙虾的时候，看着没有外卖可送无从下手；多少次爸妈每天早上对虎妞露出极度厌恶的眼神，劝她早些送人；多少次她看着床上的各种小虫虫，宁愿坐在桌子旁看电视直到天亮。

她说："我发现我失去了和家乡对话的能力，并且无力改变的时候，我便拥有了，一个人和一只猫窝在一个城市的幸福感，自然也就丧失了对于离开一个城市的落寞感。"

这几天因为部门调动，她又要离开北京去深圳分公司上班了。

我嘱咐她:"那边冬天没有暖气,你多穿一点。"

她说:"傻瓜,那里没有冬天。"

我说:"可是那里有回南天,怕你不习惯,反正我是不习惯。"

她说:"我也怕,所以只带了一部分东西。"

我说:"刚换气候,不要吃刺激性的食物,以防过敏。"

她走了之后,在北京我又少了一个玩伴。

这个城市的人们来来去去,走走停停,离开的人不知道还能不能回来,也不知道什么时候还会再回来,而留下的人依旧顽固地守望着艰难的未来。

我们都是独立自由的灵魂,最好的我们不管在什么地方,都有着对这座城市的眷恋与期待,还有着对人生无限的信念。

一个人的时候,是成长最快的阶段。心无旁骛,才能屏息凝神地专心做一件事。这座城市给了我们片刻的安静、成长的机会、开阔的视野。即使最终不会留下,我也希望每个人都能出来看一看外面的世界。因为只有看得多了、听得多了、经历得多了,才会听到自己内心真实的声音。

如果没有来过这座城市,你不会知道,有那么多和你一样执着不放弃的人;你不会知道,你可以把一件不可能的事情做得有多好;你也不会知道,生活虽然有时会让你失望,却也给了你无数的惊喜。

03

我住在十层，从窗户向外望去，目光所及，五光十色，我极喜欢坐在飘窗上，望着夜色中的北京，心中甚是欢喜。这时候总有一种错觉，梦想近在咫尺，因为我拥有这个城市的灯光，它会亮很久很久。这个城市很大，它会认真倾听你心底的声音。

有很多人说，城市越大，就会显得自己越孤独。但其实不是，而是同类人太少，才会感到孤独。

远在家乡的小雅经常对我说："我觉得自己没什么朋友，总是羡慕别人有玩伴。"

我说："平时不是也有跟你一起出去玩的朋友吗？"

她说："也有，但还是羡慕从小一起长大的那种吧。"

我说："没有谁和谁能永远在一起不分离，每个人都有各自的生活，总有形单影只的时候。"

记不清有多少次翻着电话簿却不知道打给谁，快乐悲伤都无人分享；生病了要独自去看病，没有人陪伴，更没有人照顾；走在冷风里，张开手触碰到的只有冰冷的空气。

这个城市，每个角落都可能存在着一个故事。365天，8 760个小时，总能在某一分某一秒诞生一份小确幸。

我坐半个小时的地铁，就可以在鸟巢看一场五月天的演唱会；在不是那么忙碌的周末，去学校上服装设计课；闲暇时光，约朋友去星巴克喝一杯咖啡。写稿出书,看着自己一点一点接近理想。

《我就是演员》的节目里,金世佳的一段自我介绍令我印象深刻:"我叫金世佳,今年三十三岁,上海戏剧学院毕业。现在一个人生活在北京,没有车没有房,也没有固定收入,职业是一个演员。"

演戏就是他最想做的事吧,成为一个好演员不是一件简单的事。路漫漫其修远兮,他每分每秒都在努力着。不论从事什么职业的人,在这个地方都承受着一些不为人知的苦楚,都在偌大的城市里寻找着自己的位置。这个城市不会嘲笑你的梦想,无论梦想有多荒诞,有多遥不可及,它都会包容你。

或许你此时正处在繁华之中,承受着渺小的落寞。但人生并不仅限于眼前的苟且,所谓的苦难与其说是苦难,倒不如说是挑战。有机会做梦已经是一种幸运了,再没有必要去抱怨什么。

很多人都曾想逃离这座城市,但最后还是有那么多人在咬牙坚持。生活在这里,执念在这里,梦想在这里,哪有那么容易割舍?

我也曾经问过自己,没有存在感的生活有意义吗?

后来,我告诉自己,答案是有的。

因为这个城市不动声色地变好,就是我们存在的意义。

Part 4
做一个善良的聪明人

肆

心存良善,但更应懂自保

推荐音乐:苏打绿《小宇宙》

01

无意间听亲戚说起了一个熟人令人唏嘘的故事。

有人打电话和他借钱,急需五千元应急,说第二天还他。

他和对方并不算很熟,但还是心软借了出去。

第二天,对方只字未提。过了一个月,他想起被借的钱,按捺不住,试着询问。

对方回:"不好意思啊,最近手头实在紧张,下周一定给你。"

结果呢,等到下周末对方也没有主动还钱的意思。

眼看自己又到了要交房租、还信用卡的日子了,急需这笔借款,只好三天两头就催促一下对方,结果竟被对方反口呵斥:"就五千块,至于天天像催命一样吗?"

后来，对方竟一气之下找人把他一顿狠揍，因下手太狠，他重伤成了植物人。

没想到，他的一片好心却换来一次又一次无赖般的推脱，借钱的一方反而理直气壮，甚至出手伤人。

借钱有去无回的事已经屡见不鲜。有个网友被拖欠借款，前前后后催促了数十次，对方一度装傻充愣，甚至P图制作假的转账记录。

善良应需谨慎，一定要擦亮眼睛看清对方是谁。和不熟的人借钱，很可能说明熟悉的人他已经借遍了。不是最最亲密的人，切勿轻易无条件地信任对方。最重要的是，如果你本身没有帮助别人的能力，就不要过于逞强。世界需要善良，但我们不能愚善。善良过了头，反而会害了自己。

02

轰动一时的江歌案，大家都记得吧。善良的江歌为了保护自己的室友，与其前男友发生争执，不幸被刺身亡。

她好心为朋友出头，但却忘记了自己也只是一个手无缚鸡之力的小姑娘。大概她不曾料想，这次善良让她付出了与母亲天人永隔的代价。而她的善良也并未得到感恩，朋友一家忘恩负义，与江妈妈反目成仇。江妈妈痛心疾首，终日以泪洗面的时候，多希望女儿当初可以自私一点。可惜悲剧已经酿成，再也没有机会重来了。

善良是美德，不是义务；是力所能及，不是自不量力。当好心成了恶人惯以利用的软肋，我们引以为傲的好心变成催命符，好心人变成受害者，人人赞颂的善良终究倒戈相向。

在电影《素媛》里，小女孩的一段话令人揪心："那个大叔想让我给他撑伞，我本想走开的，可是我还是想帮他，我觉得应该给淋雨的大叔撑伞，所以我就给他撑了，但人们都说是我的错，谁也不夸我。"

是的，明明一开始善良是美德，可一旦出了问题，在世人眼里就通通变成了愚蠢。从小我们就被教导要做一个善良的人。但没人告诉我们，善良是有风险、有隐患的。一时心软，有些事只当作一个教训也就罢了，可有些却成了永远不可逆转的伤害。世界需要善良，但善良的前提是自保。

农夫与蛇的故事我们耳熟能详。农夫救了奄奄一息的蛇，却无辜惨死。一念成佛，他动了恻隐之心，却忘了蛇是食肉动物，恢复体力后极有可能会把人当作盘中餐、池中物。野兽尚且如此，殊不知，这世上最可怕的便是人心。

王小波说："我当然希望自己变得更善良，但这种善良应该是我变得更聪明造成的，而不是相反。"我们要做一个善良的人，更要做一个善良的聪明人。

03

很多人为了所谓的情面,不好意思拒绝对方的请求,以至于常常哑巴吃黄连,有口说不出。

雅雅平时为人大方、仗义,从来不斤斤计较。有个同事经常让她带饭却不给钱,她也不好意思主动催要。又有一次,雅雅买了一条裤子但不合身,请要外出的这个同事帮忙邮寄退掉,同事觉得裤子不错就试了一下。结果,同事上身后拆下吊牌就据为己有了,一直也没有提钱的事。

雅雅说:"我心里头真是不舒坦,平时谁替谁掏点钱都是常有的事,但事后都会主动还。她是不是觉得我们关系不错就不给了?可一码归一码啊。我可以不要,但你不能不给吧?"

我说:"因为她习惯了你的不计较,所以就心安理得了。"

没过多久,这个同事说母亲来城里看自己,想借雅雅的车去车站接一下她老人家。雅雅觉得老人来一趟不容易,一时心软就答应了。万万没想到,车还回来的时候被蹭了大约15厘米的划痕,询问同事,她却矢口否认。

雅雅满心委屈,想抱怨一通吧,又狠不下心撕破脸,毕竟一个公司的同事,低头不见抬头见。可这个同事一系列的行为实在令人忍无可忍,眼看自己的善良被一点点消耗殆尽,对方却没有心存一丝一毫的感激,反而屡次吃肥丢瘦、偷奸耍滑。

如果善良的代价是被无情辜负，我们为什么还要对他们善良？善良是有原则的，我们需要懂得保护自己，不要让他人一次次逾越我们的底线。

人性是贪婪的，尤其是利用别人的善良尝到甜头的人，不会对别人的善良心存感激，而是会永无止境地变本加厉。

04

花花是一名平面设计师，平时修图、作图的技术不错。除了客户，总有几个微信上的朋友来找他帮忙，帮做张图啦，帮修个照片啦。

一开始花花碍于朋友之间的情面，帮过几次忙，可交稿之后对方总不满意，絮絮叨叨令其反复修改，让花花很是苦恼。事后，对方逢人便说，千万别找他作图，一点都不认真。

有天晚上八点，一个朋友找花花做个海报，要求半夜十二点之前完成。花花有一张客户的图还没有做完，实在没有时间，就委婉回绝了。

对方却不依不饶："兄弟，一个很简单的图，又花不了你几分钟。"

花花顿时生气了，却还是礼貌地回复："不好意思，我的客户还在等我。"

但没想到,对方已经把他拉黑了。

是什么造就一些人事事以自己为中心的心态?是他人的善良和大度。更甚者,他们以朋友身份进行道德绑架,完全不考虑对方的处境,不懂得感恩,不帮忙就是自私小气,帮忙就是理所应当。三观如此浅薄的人,又怎配得上他人的善待。

再后来,但凡有上门的"熟人",花花就直接发报价表,那些人再也没骚扰过他。

恶,有时候是被善良溺爱产生的。

对于他人的请求,要经过深思熟虑。如果这件事令你为难或可能让你陷入危机,就不要以身涉险,要断然拒绝。如果你始终不去拒绝,一旦拒绝一次,就会被他们诟病。习惯了被顺从,又怎么受得了一次闭门羹?处处迁就忍让,那些人不会记得你的好,只会认为你好欺负、好说话,进而对你虎视眈眈,纠缠不休。

正如有人所说:"错误的善良不会给他人带来天堂,只会拖你进入地狱。"我们当然希望善良可以成为每个人的优良品质,但世界有善有恶,善待别人的同时更应该懂得自保。

不要让自己的路越走越窄

推荐音乐：王菲《尘埃》

01

日剧《校阅女孩河野悦子》里，河野负责校对的书，在印刷出来后被发现副标题的英文出了差错，少了一个字母C。

如果重新印刷肯定赶不上发售日的活动了，而且这本书的粉丝们都在翘首以待，营业部也已经和多名作家约好了发售时间。一些从外地来的作家，都是奔活动而来，到时候这次活动还会被登报。

主编建议在第一版的封面上贴上修正纸条，这样就不会耽误活动进程了。第一版共有5 000本，需要河野在装订处的库房全部按时贴好。

但这个工作量，简直太庞大了。就在河野一筹莫展的时候，校对部的同事陆陆续续地来帮忙了，就连已经回老家的藤岩，听说这件事也匆匆忙忙赶了过来。

河野内疚得吃不下饭，部门的同事们不约而同地开口安慰她："越大的字越不容易看到""明明反复确认过了，一翻开印好的书，还是能看见误排的，真是服了""我因为害怕发现错误，从不翻开自己校阅过的书""做这样的工作，没有一次错误都不犯的人"……

就连平时看起来严谨的藤岩也有马失前蹄的经历："负责一位有名的女作家的推理小说时，被称赞标注指正的内容很棒，当时我真是得意忘形了。但出版后，我发现在剧情高潮的地方，出场的幕后人物名字错了，书立刻被回收上去重新印刷了。作家非常生气，发誓再也不在景凡社写东西了。"

对于失误他们没有一个人推脱责任，而是齐心协力解决问题："校阅人员的名字不会出现在书上面，所以个人的失误就代表部门全体的失误，甚至会成为影响出版社评价的重大失误。"

校阅部全体忙碌了一整夜，终于在天亮时完成了贴纸工作。工作中，最可贵的就是互相协作，如果各行其是，就会人心涣散，结果一定不会令人满意。

02

现实中，总有不那么乐观的时候。

周围总有一部分人只在乎个人利益，贪天之功，推脱责任，生怕自己吃亏，比如朋友公司里的小岁。

同事负责整理一篇项目软文，完成后她把内容发给了微信运营部的小岁，群发后才发现文章里有一个错别字。

那时候微信还没有修改错别字的功能，所以，出现错误是一件很棘手的事。

主管找到小岁和当天负责微信的同事，询问缘由。

同事说："都怪我没有检查好，不好意思，下次一定仔细检查。"

小岁说："是的，她给我的时候就是错的。"

又有一次，主管让小岁和另一位同事一起负责一个项目方案，要求第二天上交。小岁负责准备资料，当她发给同事的时候就快下班了，同事一个人忙碌到晚上十点。总监刚好也在公司加班，看到工位上加班的同事，就把这事知会了主管。

最后，这批实习转正的人中，小岁没有被留下。小岁不解，去询问主管缘由。

主管说："上次微信出现错别字的时候，你觉得自己没有责任吗？"

小岁说："又不是我负责的内容……"

主管说："你是微信运营人，就算内容涉及的工作你不是主要负责人，但是从你这里发布，你就要把好最后一关。她没有检查出来是她的失误，但你也没有尽到你的责任。如果每个人都不找自身的原因，还想尽办法推卸责任，那部门的工作还怎么开展?还有,交给你们两个人的项目,你居然自己先走了。"

小岁解释说:"可是我负责的那部分工作已经完成了啊……"

主管说:"项目搭档就应该互相协作。每个人都想少做一点,还有什么效率可言?团队协作,你现在多做一点,以后别人也愿意为你多做一点。互帮互助,大家才能共同进退。"

小岁哑口无言。

03

大学兼职的时候,经理有时候会拿一堆广告单让我们去人多的地方发。

由于各个地点的人流量不同,广告单分配不均,所以,经常有人很快就能发完,而有的人还剩许多。陶陶总是会主动帮伙伴分担,然后等大家一起回来。中午发餐的时候她也是等其他人领完后才领。

另外一个姑娘刚好相反,广告单哪些看起来少就抢着拿,吃饭的时候哪个菜自己喜欢就抢着吃,就连休息她跑得也比任何人都快。

月底发薪水的时候,她发现陶陶的工资比自己多200元,就去找经理理论。

经理告诉她:"公司每个月都会有优秀员工奖励,陶陶吃苦耐劳,处处照顾他人,优秀员工实至名归。如果你觉得自己做得比她好,可以听取大家的意见。"

后来,经理又帮陶陶介绍了许多不错的兼职,有些甚至是知名的互联网媒体公司。

不论陶陶在哪里,遇到什么问题,都会有很多人主动帮她解决。而那个只顾自己的姑娘,圈子越来越小,朋友也越来越少。

04

赠人玫瑰,手留余香。照顾别人,其实也是照顾自己。

阿雅周末去iPhone直营店修手机,等待签到的时候,不远处的一位女士问店员:"你们这里不能使用微信付款吗?"

店员说:"不好意思,我们店里只能使用现金、银行卡和支付宝。"

女士又问:"那我能不能转你微信,你帮我付一下呢?"

店员说:"不好意思,我们店内员工是不允许这么操作的。"

无奈之下,女士向紧挨着她的人寻求帮助,但对方不是说支付宝的钱不够就是自己手机也坏了,用不了。拒绝的理由真假参半,女士一筹莫展。

阿雅拍拍那位女士的肩膀，说："您好，我这里有现金。"

她加了阿雅微信，转了账，千恩万谢。

阿雅笑着摆摆手，她一向不会将这种举手之劳放在心上。

一周后，阿雅去一家知名企业面试主管职位。来面试的人不少，大多数人履历出彩。虽然阿雅的履历也不差，但是竞争的激烈程度还是不言而喻。

面试结束后，其中一位HR叫住了她。对方和她提及一周前的事情，她这才想起这位HR就是在iPhone直营店她帮忙付款的那位女士，真是无巧不成书。

阿雅顺利进入了新公司。HR说："我相信一个对陌生人都愿意照顾的人，一定可以和整个团队和睦相处。当然，你的履历我们也很满意。"

没想到，她一次无心的举动竟然让她在面试中加了分。

一个人的世界原本很小，在你照顾好自己的同时，也试着多照顾下别人，脚下的路才会越走越宽。

最好的关系不是主动麻烦，而是主动给予

推荐音乐：五月天《小太阳》

01

葡萄的一个电话把我从睡梦中叫醒："我把老二拉黑了。"

老二是葡萄高中的同班同学，有一次同学聚会到半夜，老二回家打不到车，葡萄好心送老二回家。得知葡萄家刚好和自己家顺路后，老二满脸愁容地说自己的老公近日出差，她这段时间上下班都极为不便，问葡萄能不能顺路带她一程。

葡萄没多想，感觉是举手之劳，就随口答应了。

可是葡萄没想到，其实并不顺路。老二的公司要比葡萄的远两个街区。每次葡萄都要绕远送她，然后自己再折回。

碍于情面，葡萄也不好说什么，只盼着老二的老公早日回家。

有一次早上下雨，葡萄因为堵车晚到了十分钟。老二上车就

一顿抱怨："哎呀，怎么这么晚？完了，今儿铁定迟到了。"到了公司门口，老二一把拿过葡萄旁边的雨伞，说："反正你去公司直接开进楼下停车场，伞我就借用啦！爱你啊葡萄！"整个过程猝不及防，如果来得及，葡萄还想告诉老二，自己中午还要去公司对面买咖啡，如果下雨的话还要找同事借伞。

过了一个月，老二依旧搭葡萄的车。葡萄很想问老二的老公有没有回来，却不好意思问出口。

直到有一次，葡萄给老二打电话，模糊听到电话那头老二夫妻俩的对话。

老二说："老公，你公司远，先走吧，我这高中闺密正好顺路送我。"

"总是麻烦人家也不好吧。"

"哎呀，反正她顺路，多送个人也没什么大不了的。"

葡萄一个多月憋在心里的怒气一下子爆发了，给老二发了消息过去："你我公司并不顺路，我每天接你上班，严重拖延了我到公司的时间。是你白白搭我的车，我晚到，你居然还质问我？还有，你老公明明已经回来了，却还要坐我的车。我不是你的专职司机，时间也很宝贵的，你好自为之。"

陶陶发完消息便把老二拉黑了。被拉黑的老二发了条没好气的微信朋友圈："现在的人，帮别人个忙就觉得自己是大爷了？可笑。"

另一个朋友小英看到这条微信朋友圈后，疑惑地问我是否知道老二遇到了什么事情。我便将这件事告诉了小英，小英听后说:"老二喜欢麻烦别人的毛病一如往初,几乎没有人愿意跟她来往了。"

02

前段时间,在网上看到这么个事。

PO主(网帖发布者)大学舍友发微信朋友圈说要去美国西岸,PO主问她是否能帮自己代购,舍友答应了。于是PO主列了一个清单给她,还包括一些唇膏、精华之类的小东西,后来舍友买完东西后就给PO主寄回来了。

PO主对于舍友自作主张的行为极为不满,觉得自己被坑了:"原本人肉带回就是为了省邮费,东西我不要了,你自己留着或者卖掉吧,最多给你500元的补偿。"舍友也很不满,理论了一番,然后就把PO主拉黑了。PO主一气之下把与舍友的对话挂到了网上。

再看一遍聊天记录,整个事情就一目了然了。

PO主的舍友到美国西岸是去旅行的,并且带着老人和孩子。好多亲戚都要带东西,并不是PO主一人。舍友顾及亲戚朋友之间的关系,所以一并应承。PO主列的清单上的东西大大小小有十多件,甚至还有厨具——铸铁锅。

舍友买完东西后给PO主留了言,说让带回的东西都打包寄回国了，不然一家老小带着这么多东西没办法好好玩耍。因为时差的原因，PO主当时在睡觉，之后PO主甚至怀疑舍友是故意在这个时间点留言给她，先斩后奏。

舍友的最后一番话很在理："是你主动找我帮你带东西的，本来是不想带的，我一家七口老老小小出来，就我和老公两个人会点英语，全都要我们照顾。我怎么给你人肉带？先不说我们拿不拿得动，你这些东西被扣下了怎么办？我用门口的快递还包税，而且快递费不到800元人民币，加起来也比你在国内买划算。给你找东西找了半天，还花了1万多块钱，你说不要就不要了？毕业后你也没怎么联系过我，每次联系不是微信朋友圈点赞就是帮你砍价。大学宿舍你最小，我一直也没跟你计较过什么，好心帮你买个东西一分钱没多收你的，还受这气，没有你这么做人的。"

PO主大概是没想到，事件首当其冲的是自己。别人给你带东西是帮忙，并不是义务，占用了别人的时间、金钱和劳动力，丝毫不为别人考虑，只想着自己占便宜，怎么还好意思三番五次去要求别人？

很显然，这位PO主把麻烦别人当作了理所应当，真是自私自利。

03

喜欢麻烦别人的人，通常是不懂得感恩的人。

反正你正好顺路，反正你刚好有时间，反正你不缺钱，反正你不计较……有了这些措辞，也就有了麻烦别人的借口，言语间透露着理所当然。

把麻烦别人当作一种习惯，甚至对帮助自己的人颐指气使，这不是依赖，而是无赖。

当然，生活里我们免不了接受别人的帮助。比如，我回家坐地铁，提着行李箱笨拙地下楼梯时，有人一把提起我的箱子帮我抬下楼梯，没有回头看我一眼就走远了；比如我乘公交车的时候突然肚子痛，有人好心给我让座，自己却被挤到了一边；又比如我两手提着东西，不方便开门的时候，有人上前轻轻推开让我先走。这些都是他人的善心、世间的温柔，是主动的行为。

互帮互助原本属于善良和交情范畴内，没有应该与不应该。别人可以主动帮助你，但你不能道德绑架给别人添麻烦。切勿轻易主动麻烦别人，如果真的麻烦了别人，即使是举手之劳，也一定要懂得感恩。

我们大多数人都是独立行动的个体，能自己解决的事就尽量自己解决。人情是最贵的奢侈品，禁不起肆意消耗。给别人找麻烦，很容易造成在这段关系中彼此相处不适。再好的关系，也无法在一方再三为难另一方的交往中生存下去。

最好的关系，不是主动麻烦，而是主动给予。

曾经和铃铛探讨过关于朋友交际的问题。她说："我不希望别人对我有太多期待，因为我不希望被绑架。但是一旦关系亲近了，人家就会觉得很多事情你理所应当要做。我希望我为你做的都是我心甘情愿的，如果真的愿意，你不开口我也会去做。"

我也如此，麻烦就是一种利用关系，而真正的朋友交往是顺其自然，而不是需要的时候带着目的性接近，不需要的时候就晾在一旁。

人的第六感，能很快识别被麻烦的风险。我们对于强迫的交往都具有抵触心理，只有把握好麻烦他人的界限，才能维持好彼此之间的情谊。

毕竟，我们都希望身边能多一个可以解决问题的人，少一个制造问题的人。

世人皆苦,而努力的人把苦熬成甜

推荐音乐:五月天《星空》

01

知乎上有个话题,叫作"哪一刻你觉得世人皆苦"。

答主木雨女分享了一次这样的经历:

她在超市排队结账的时候,前面是个老奶奶。

收银员说:"三块六。"

老奶奶问:"不是三块三吗?"

收银员说:"三块三是另一个牌子。"

老奶奶听完就去换。

收银员已经扫过码了,不耐烦地嘟囔:"不就贵三毛钱吗?"

老奶奶已经走出几步,小声地自言自语道:"贵三毛买不起啊……"

或许三毛钱对大部分人来讲，不过是九牛一毛，可对有些人来说，或许是翻过好几个垃圾桶才捡到的三十多个矿泉水瓶。

早晚上下班的时候，我经常会碰到在垃圾桶旁捡纸盒、捡瓶子的老爷爷、老奶奶，垃圾的恶臭、刺骨的寒风，让偶尔路过的我都想赶紧逃离，我不知道他们是如何忍受的。

或许他们当中有人并不是为了生存，而是打发时间，但还是有不少人是以此谋生的。作为北漂大军里的一员，我并没有居高临下去同情他们，关于努力生存的勇气，我们都是一样的。每一个认真生活的人，都是值得被尊重的。

虽然做不了太多，但我会把饮料瓶、矿泉水瓶，还有大大小小废弃的纸盒，全部单独装在一起，扔垃圾的时候单独放在他们挑拣出来的回收物旁边，以减少他们的工作量，这是我在力所能及的范围内给予他们的尊重和帮助吧。

听闺密说，邻居一个阿姨患有心脏病，老伴患有脑血栓，膝下一儿一女。儿媳妇生完孩子后，不幸成了植物人。

我不禁唏嘘，这种小说般的情节，居然在现实生活中真实发生了。

闺密说："人活着总有劫数，没有谁的人生是容易的。"

永远不要和世人比惨，人生甜苦参半，步步皆殇。

你永远不知道这世上会有怎样离奇的灾难，你自以为的不幸或许已是不幸中的万幸。

这世上还有很多人风餐露宿，颠沛流离，甚至为了生存与时间相搏，与命运抗争。

02

有时，我们之所以活得不快乐，是因为过于羡慕别人的幸福。

小时候，我羡慕同桌家境好，因为她总是有很多零花钱和新玩具，可有一天我邀请她来我家吃饭，她却说嫉妒我，因为从小到大她的父母都在外地工作，见面的次数寥寥无几，他们也从来没有为她做过一顿饭。

一个姐姐，在职场混得风生水起，可她的婚姻却屡屡受挫，离婚两次，还带着一个已经十五岁，但智力只有七岁的儿子。

同事的一位朋友，家境优渥，衣来伸手饭来张口，可她却患有严重的抑郁症。

没有人是无忧无虑的，我们各有各的甜，也各有各的苦。只是大家都习惯了在人前强颜欢笑，假装若无其事，却在人后闷声哭泣，自我疗伤。

我们总觉得每个人都比自己过得好。

尤其在每个艰难的时刻，我们很容易把自己想象成全世界最不幸的人。我们会突然怀疑世界，怀疑人生：为什么生活总是和我过不去？为什么偏偏是我经历这些而不是别人？为什么人生有那么多不堪重负的烦恼？

世界不能给你答案，因为世界是定数，而你是变数。

李诞说"人间不值得",有人感受到了"丧",觉得人间确实亏欠我们太多,不值得付出,不值得热爱。可是这句话的本意,应该是人生不值得不开心。

《武林外传》中有一段老白和佟掌柜的经典对话,或许是对生活最好的诠释。

老白问:"你现在觉得日子苦了是吧?"

佟掌柜说:"苦倒是不苦,倒是挺开心的,但是我多累啊。"

老白说:"累了,那好,你现在就回家当你的大小姐去。"

佟掌柜说:"那多苦啊,一点自由都没有。"

老白说:"那还不是了,湘玉啊,人生就是这样,苦和累,你总得选一样吧,哪有什么好事,都让你一个人占了呢?"

佟掌柜说:"那为什么韩娟又不苦又不累呢?"

老白说:"人家也有人家的苦,你未必知道。"

03

曾问过好友西风:"你的愿望是什么?"

她说:"我现在就想在北京拥有一套属于自己的房子。"

是啊,我们这些北漂一族,是多么渴望在这无尽的城市拥有一隅之地为自己遮风避雨。

房子对于断梗浮萍的外乡人来说，就等于这座城市的绿卡。不管这座城市如何变化，只要有一间屋子让我们安身立命，就再也不用担心和合租的人抢厕所，不用担心突然涨房租，不用担心随时被房东退房，不用担心换一次工作找一次房子。

范恬恬在《我就是演员》里说："我来北京这么久了，就好像从来没来过一样。"

可没有梦想，何必来北京？我们有那么多次想要离开，有那么多次想要放弃，可后来还不是都挺过来了？只有跋山涉水经历过后，才能云淡风轻地说出曾经的苦。

有学生读者给我留言，抱怨学习压力大，坚持不下去。他说羡慕我们这些追梦的成年人，有如风一般随心所欲的自由，有如阳光一般穿行城市的惬意。可谁知道，未成年的时光有多么纯粹，成年人的世界没有容易二字。

节假日舍不得回家，一个人停驻在外地，因为来回车票很贵，渐渐也就将大部分节日都遗忘了。

牙疼突然发作，请个假去医院，却连号也挂不上，网上预约排到了下周，每到半夜都疼得在被窝里打滚。

加班到凌晨两点，用打车软件叫了半个小时的车，没有一位师傅接单，索性在公司趴到了天亮。

一个月好不容易挤出时间和恋人约会，一个电话就被叫回公司，因为项目进程连自己的婚礼都延期了。

有了功劳来分一杯羹，出了问题让你背锅的同事，明明很讨厌却低头不见抬头见。

总有那么几次甲方客户对项目有没完没了的无理要求,永远不满意的姿态让人分分钟暴走。

领导犹如监视器,命令你随叫随到,二十四小时手机待命,永远没有解释的机会。

辞职创业,筚路蓝缕,承受着巨大的经济压力,没结婚的没办法结婚,结了婚的商量着要不晚几年再要孩子。

这就是我们大部分成年人的日常,百感交集,或一杯酒混合着眼泪一路滑进咽喉肠胃,或和朋友笑闹着一顿吐槽发泄在大街小巷。第二天早上,我们清扫完昨日的狼狈,重新收拾好自己,斗志昂扬地迎接新的一天。

所以啊,成年人表面风光无限,但所有苦都往肚子里咽,别人如何看得见。

那时的我们也是学生,一样不知天高地厚,而如今回首过去,才发现少年不识愁滋味,为赋新词强说愁。

其实,人生的每个阶段都有各自的苦恼,谁都不会比谁少一分。生活不会因为谁另眼相待,愿我们在千锤百炼中穿上一层又一层坚强的铠甲,最终站在属于自己的城市中央,接受过往的朝圣。无论命运如何艰难,都不要低头,都不要丧失对生活的希望。

地球七十多亿人口,都有着不曾被窥探的苦楚,而我们偏要和生活相爱相杀,把苦熬成甜。

Part 5
我只是想更懂你

伍

气哭父母的孩子长大了吗？

推荐歌曲：潘玮柏《我想更懂你》

大概是因为过了叛逆的年纪，所以对父母多了一份久违的理解和爱，完成了从熊孩子到大人的些许蜕变，这让我不得不重新梳理过去的不解和歉疚。

电视剧《带着爸爸去留学》里有这样几个情节：

黄成栋送儿子黄小栋去国外读书，在国外安排好儿子的一切后，打算回国。去机场之前，他去学校看儿子，还悄悄给妻子录制儿子在课堂上的表现。

正当他下楼准备离开时，突然一声枪响让整座校园措手不及，陷入一片恐慌。

周围的尖叫声混合着哭喊声，让黄成栋意识到出事了。

一个外国青年拿着一杆枪在校园里疯狂扫射，黄成栋迅速回去寻找儿子。后来，他看到逃生的儿子很不幸地撞上了歹徒，立刻一个箭步冲了上去，全然不顾子弹从耳边擦过。他把歹徒用力按倒在地，用拳头狠狠地砸了过去。

儿子在旁边已经被吓得六神无主，眼里亮晶晶的东西，是被恐惧定格的眼泪。

等回到寄宿屋后,黄成栋顿时瘫坐在地。遇到危险,他能不怕吗?但是作为一位父亲,即使在生死之间,他也能做出本能的反应,像超人一样保护自己的孩子。还有寄宿屋的女房东,看到儿子学校的枪击新闻后,开着车一路狂奔到学校,闯过了警戒线。

都说为母则刚,父母终究也是凡人,却可以为了孩子去拼命。或许平日里你已经习惯体会不到他们的爱,可是他们为了保护你,自愿和歹徒以命相搏。

没过几天,黄小栋喜欢的女孩半夜睡觉听到奇怪的声音心生恐惧,微信发消息让他过来看看。在黄小栋准备翻墙而入的时候,被寄宿屋主人以为有人私闯民宅,他被枪指着脑袋送到了警察局。

事后,黄成栋又气又急,强忍住眼泪对儿子说:"差一点,我看到的就不是我的儿子了,而是一摊脑浆一地血。你出事,我和你妈这辈子也就结束了。"

历经枪击事件的黄成栋神经变得敏感,看到背着形似枪支包袱的人就格外警惕,总担心危险再次发生,于是他不仅留了下来,还寸步不离地跟着儿子。因此,儿子被人嘲笑为"爸宝男",他就划清界限,偷偷跟着不让儿子发觉,直到朋友劝说他"你不可能保护他一辈子"才作罢。

令我感动的是,虽然黄小栋之前没有考虑父亲的感受,但这次他知错就改,无形之中他已在成长。在被嘲笑时,他大声维护父亲，义正词严地对同学说："他是我的爸爸，他爱我。"

但他喜欢的女孩武丹丹就不同了，因为父母离异，她的内心极度缺乏安全感。记恨父母，过度依赖他人，以自我为中心。她负气出走，后妈连开一晚上的车马不停蹄地去另一个城市找她，半路车子差点冲下悬崖。到了宾馆，后妈一屁股坐在地上埋头大哭起来。

说真的，我也挺讨厌武丹丹的。但是想想自己那个年纪也有过不懂事的经历吧。

不管你现在如何抱怨父母，将来的你总会知道，曾经让父母伤心的自己是多么令人讨厌。

我想起之前土豆来北京的那年，她对我抱怨她妈妈每天都要给她打上至少七八个电话，有时候因为工作忙没接到，就以为她遭遇了什么不测。

小时候不理解父母为什么一定要规定自己晚上回家的时间，只要晚回家，他们就会严厉地批评我一通。内心极度不满的我，觉得他们的规定太过苛刻，少不了彼此争吵和赌气。其实很多事情自己也记不清了，只恍惚记得也曾语言中伤过母亲，她失声痛哭。

因为意见不合，我曾经向朋友诉苦：父母根本不了解我，也不爱我，甚至觉得自己没有存在的必要。

朋友只回复了我两个字："幼稚。"

我心说，怎么会有这么站着说话不腰疼的人。

现在回想起来，那时真的太不懂事、太自我了。

等我工作后,有一次给家里打电话。老爸的电话关机,老妈的电话没人接,我瞬间变得疑神疑鬼,心急如焚,满脑子都是不好的预感和念头。这次换我小题大做了。

年龄的差距和时代的变迁,决定了父母和我们的思想永远无法做到完全同步。

我想,大概只有我们设身处地角色互换,才能真正体验到对方的感受吧。

我收到过很多读者的留言,和父母的矛盾有关的不在少数。

谈论最多的就是成绩问题,只在乎成绩不在乎个人成长,甚至认为父母冷漠势力。

父母和孩子之间,真的需要多一些陪伴、关心和沟通。正如《亲爱的安德烈》中所说:"多少父母和儿女同处一室却无话可谈,他们深爱着彼此却互不认识,他们向往接触却找不到桥梁,渴望表达却没有语言。父母对于一个二十岁的人而言,恐怕就像一栋旧房子:你住在它里面,它为你遮风挡雨,给你温暖和安全,但是房子就是房子,你不会和房子去说话,去沟通,去体贴它、讨好它。搬家具时碰破了一个墙角,你也不会去说'对不起'。父母啊,只是你完全视若无睹地住惯了的旧房子吧。我猜想要等足足二十年以后,你才会回过头来,开始注视这没有声音的老屋,发现它。"

我知道,"别人家的孩子"是大多数人学生时代的噩梦,但不要仅仅用父母对学习的关注来衡量他们对你的爱,他们只是选择了一个你最想逃避的关注点。

有些读者问:"父母认为的读书真的那么重要吗?"

我想用书中母亲角度的一段话回答你:"孩子,我要求你读书用功,不是因为我要你跟别人比成绩,而是因为我希望你将来会拥有选择的权利,选择有意义、有时间的工作,而不是被迫谋生。当你的工作在你心中有意义,你就有成就感。当你的工作给你时间,不剥夺你的生活,你就有尊严。成就感和尊严,给你快乐。"

不管你做错过什么,父母都会原谅你、爱你,但请你不要轻易伤害他们。

相信我,时间无情,越长大,你就越会害怕失去他们。

你要自由,但不能让父母为你埋单

推荐音乐:张悬《自由》

01

我收到过很多读者的留言,其中很多人向我讲述了和父母之间发生的严重分歧,他们抱怨父母不支持自己的梦想,总是干涉自己的选择,不近人情。

读者秋言是不同于他们的一位姑娘,因为她非常明白如何权衡自由与现实。

秋言喜欢画画,却遭到家人的极力反对,父母觉得艺考这条路太辛苦,而且家里的经济条件也不太允许。拗不过她的连哄带骗,最后父母还是同意了她的决定。

暑假期间,秋言参加艺考前的冲刺班,在画室里一待就是一天。她和十多个姑娘挤在一小间旧公寓里,房间里只有一个风扇,常常半夜被热醒,还被蚊子叮得浑身是包。因为外卖太贵,做饭又浪费时间，几个姑娘经常泡面吃。家人打电话来，秋言只说一切都好，对自己中暑高烧的事也避而不谈。

后来秋言如愿以偿地考上了美术学院。进入大学后的秋言并没有停下奋斗的脚步，不论是练习室还是图书馆，她总是最后一个离开的人。

生活没有辜负不懈努力的人，她参加了大大小小的珠宝设计大赛，也拿下了许多奖项，偶尔也会接一些插画设计的兼职。大学四年，奖学金加上打工赚来的钱，她实现了自给自足。

如今她去国外留学，学费和生活费都是她自己打工赚来的。她说，我知道父母给予我的有限，他们已经给了我选择的机会，我就想让他们看看，他们的女儿没有辜负他们的信任。

大部分的父母都希望给孩子最好的，但只能力所能及。其实父母不是要阻止你追梦，只是他们知道现实和梦想的差距，怕你走弯路，怕你受伤害。他们只是怕你势单力薄的时候，没有办法保护你；他们只是怕护了二十多年的宝贝疙瘩，到时候浑身是伤。

当你自以为是一味地抱怨父母时，先试着审视一下自己。你是真的想要自己掌握人生吗？还是只因为儿时的生活受到了他人的操控，于是将这种认知延续到了成年。小时候听爸爸妈妈的话，在学校听老师的话，所以你迫不及待地想要长大，想要逃离别人的控制。

这样的你，渴望拥有自由，却不愿独自承担换取自由的代价。

02

高晓松说:"一个男人要有一以贯之的世界观,不能要自由的时候把西方那套拿出来,要钱的时候又把东方那套拿出来。我是西方的,我要自由,我要学习西方,往家里伸手要钱的时候你怎么不学习西方呢?你怎么就东方呢?选一条路一以贯之,不能因为自己的利益和方便,或者便宜,今天这个兜里掏出了这个世界观,而明天那个兜里,又掏出了那个世界观。"

我之前曾说,希望父母不要过多地干涉孩子自己的人生选择,趁着有力气去拼的时候就要勇敢追寻梦想。但请记住,前提是你必须有足够的能力和魄力配得上自己的梦想,并且建立在尽量不拖累父母的条件之下。你不能打着梦想的幌子,花着父母的钱,却仍觉得理所应当。

有人为了追星,令家人倾家荡产;有人为了买一部最新款的苹果手机,逼得父亲卖血;还有人甚至为了整容,欠下数万元高利贷……不怕你虚荣,就怕你把虚荣建立在家人的痛苦之上。

还记得那个为了三百万元拉黑父亲的女儿吗?女儿想去加拿大留学,父亲二话不说拿出自己的大部分积蓄供女儿出国。没想到女儿在国外交了一个男朋友,两人每天大手大脚地花钱,挥霍无度。

父亲苦口婆心地劝说几次无果,女儿竟然断绝了与家人的联系，之后杳无音信。这位可怜的父亲伤心欲绝，他怎么也想不到，自己一手带大的女儿会如此绝情绝义，用三百万元断送了二十多年的父女关系。

你想追求梦想，自己却不愿吃一点苦头，让父母为你源源不断地埋单，这又何尝不是一种绑架？世上哪会一直有那么两全其美的事？

03

有个朋友曾对我说："不要总想着不花家里的钱，女孩子不要太要强，什么都自己一个人硬撑着。"

我听了，一笑了之。

我明白她之所以说得如此稀松平常，完全是因为我们的经济条件不同。她的家境好，生活顺风顺水，钱不够有父母补贴，房子也由父母为其全款埋单。而对于需要顾及现实的我们来讲，无法为了自己想要的，就让父母捉襟见肘。所以，尽可能不给家里徒增负担才是成功的第一步。

买奶茶的时候，有一个女生问店长是否还招收店员，自己可不可以应聘。她周六日闲来无事，想出来兼职再挣份外快。

店长愉快地回答："当然可以。"这里兼职的除了大学生，还有很多都是有本职工作的人，他们利用休息时间，送快递、送外卖、跑滴滴……尽可能地挣钱。有人为了多添一点零花钱,有人为了多攒一点积蓄,有人则为了给家里多寄一点钱。

有一个朋友三年攒了十万元钱,这期间他没有给自己买过一件新衣服,没有换过一部新手机,衣食住行都是最简单的。漂泊异乡的人,深知吃得苦中苦,方为人上人。

可有一部分人呢?总嚷嚷着生活不易,甚至向父母哭穷,一次次向父母伸手要钱,却在朋友圈花天酒地,唱歌蹦迪,好不快活。这只不过是打着梦想的幌子,去满足自己廉价的虚荣心罢了。

懂得付出的人才有资格谈自由,只是一味地索取,根本不配拥有自由。

04

什么是自由?不是你只顾大胆地往前走,接下来身边的人都要为你义无反顾地善后。

你有选择自由的权利,更有承担责任的义务。既然选择了自己想要的生活,那么就要做个像样的成年人,对随之而来的代价负责,对可能遇到的问题负责。而不是你在前面一个人享受诗和远方,父母却在后面拼命为你披荆斩棘。

你不能再做一个巨婴,衣来伸手饭来张口,无条件被迁就,无数次被原谅。

人人向往自由。当现实和理想冲突时,你必须做出选择。如鲁迅所说:"贪安稳就没有自由,要自由就要历些危险,只有这两条路。"如果想做温室的花朵,在庇护下安安稳稳地度过一生,听从现实安排无可厚非;如果想自己决定怎么活,甜酸苦辣须一并承担。

自由意味着责任,不要让父母为你的自由埋单,便是对你的第一个考验。

在你们的"责备"中长大了,我还是不知道自己做错了什么

推荐歌曲:KLANG《Pray》

01

刚刚刷完《小欢喜》的我,把这部剧推荐给了老妈。

"妈,我好像在剧里那些妈妈们的身上看到了你的影子。"

"胡说八道,我哪有!"老妈极力反驳。

我无奈笑出声:"看吧,我就知道你会这样说。"

当你竭力去重新构建过往的真相时,尤其是当事情的真相使他们的颜面受损时,你的父母很可能一口咬定"哪有那么糟糕""当时的情况不是这样的",甚至说"根本没有这回事"。这些说法会阻挠你重建个人历史,令你对自己的印象和记忆产生怀疑。它们会削弱你对自己感知现实的能力的信心,让你的自尊心重建变得难上加难。

我发现，很多孩子在长大后会反思自己当初犯下的错误，而父母往往不会。

成年后的生活，总是和童年的经历休戚相关，无形之中却仍在原生家庭的控制之中。

孩子若是功成名就，他们会自诩教子有方；若是一事无成，他们会将全部责任推卸到孩子身上。"我们都是为了你好""你还想我们怎样""我们含辛茹苦，只有一个要求，你能有出息"……盼子成龙盼女成凤的心愿可以理解，但错误的教育方式往往会使孩子的性格出现缺陷，使其一生活在原生家庭的阴影下。

02

《小欢喜》里，最典型的例子是宋倩和英子这对母女。

英子成绩优异，家境殷实，只是身上背负的压力和责任太大。在多数情况下，英子对妈妈的要求都是服从的，极少有自己的选择。

宋倩因受离婚的影响，她把英子看作自己的全部，不允许她有一点与自己背道而驰的想法。

这种家庭里，父母有着至高无上的权利，父母的感受最重要，孩子存在的唯一意义就是取悦父母。在孩子的意识里，和父母抗争的后果,意味着永远失去他们。

时间久了,压抑着的情绪总会在某一时刻瞬间爆发。

去年的租户里,有一个清华学霸。虽说他在外是父母引以为傲的天之骄子,可他房间内贴满整面墙的试卷上写满了"我恨"两个字。他的一生全都被父母安排好了,没有自主选择的权利。时隔一年,他总是偷偷回到这间屋子,逢人便说来找自己丢了的东西。

他丢了的,是他的梦想。

有强烈控制欲的父母,秉承"孩子的人生需要我来规划"的观念,这在本质上就是限制孩子自力更生。尽管父母矢口否认,但是他们的行为却诚实地表达了自己的诉求——永远不能违背我。

所幸,英子的父母懂得积极沟通,主动解决问题,重新建立了亲子关系,才避免了悲剧的发生。

然而现实中,有些父母永远不会改变,这时候我们只能改变自己。

03

有位姑娘向我讲述了她在家庭里的处境。

小时候她和爸妈生活在深圳,虽然房子不大、经济拮据,但是生活得很开心。

后来一家人搬回农村,父母离异。

爷爷很早就过世了,奶奶重男轻女。

当年她出生时,奶奶听说是个女孩,很不高兴。

奶奶时常打骂他,她哭得越凶,奶奶下手越狠。

奶奶心烦意乱时,还会口无遮拦地痛斥她:"怪不得离婚的时候,你妈把你丢给了你爸,你爸也差点不要你。"

想着自己是爸爸的亲生骨肉,无论如何他也不会真的不管自己。虽然偶有怨恨,偷偷躲在被子里哭,但她并没有时时刻刻放在心上。

后来,她有了后妈。

最初,后妈对她还不错,她也把后妈当作朋友来相处。

但自从弟弟出生后,家人就把所有精力都放在了弟弟身上。全家上上下下都以弟弟为中心,对他关爱备至。而她像是一个多余的人,慢慢地变得内向,总是一个人待在角落里,没有人注意到她。

弟弟上学的年纪到了,家人忙东忙西,生怕有疏漏。而此时,她也正处于中考的紧张时期,却无人问津。

生母偶尔打来电话,也只是问一下她的学习成绩。这敷衍的问候,只是一种血缘关系的维护,提醒亲生女儿不要忘记将来为自己养老。

家人的欢声笑语，从来都与自己无关。她说，或许习惯了，就不会那么难过了。

娜娜的一个同事，也生长于一个不和谐的原生家庭里。

工作后，父母几乎从没有关心过她，每次打来电话就是要钱。

弟弟婚期将近，父母要求她承担家庭责任，为弟弟的房贷埋单。她没有那么多钱，拒绝后被父母一顿臭骂。

在亲戚邻里面前，她遭到父母无情的控诉。他们指责她自私自利、无情无义，从来没有回报过父母。她平时给父母大大小小的红包被全盘否定，或许是因为没有达到父母心中期待的数额吧。

一贯地妥协退让使父母变本加厉，不管父母如何评价自己，她已经学着去婉转拒绝、坦然回应了。

我知道，这样的父母这一生都不会轻易改变。

所以，《原生家庭：如何修补自己的性格缺陷》里说："我认为上帝想让我好起来，而不是想让我原谅。"

04

只有当父母努力去求得我们的原谅时，这种原谅才有意义。如果父母继续否认事实，践踏我们的感受，推诿责任，我们却还单方面地做出所谓的原谅，那么我们的情绪必然会受到很消极的影响，努力地改变也将毫无作用。

如果不试着去原谅，那如何才能从原生家庭带来的伤痛中解脱呢？

每个人都是独立于父母的个体，你不需要为这些伤痛负责。经历情感上的损失，一味地忽视和压抑，最终只能让自己选择逃避。试图逃避悲伤，悲伤会永远伴随你。但逃避是一时的，往往多年后一件微不足道的小事，会让你突然崩溃。

你有权表明自己的立场，违抗父母的无理要求，不必道歉、证明或是解释，因为"让他们明白"毫无意义。

如果你正为原生家庭所累，你要明白，也许你永远不会得到父母的理解了。坦然地接受事实，通过令你愉悦的休闲活动来合理释放愤怒、消化悲伤，治愈内心的创伤，把自己从过去的伤痛中转移出来，未来很长，伤口总会结痂。

你要知道，虽然有些伤害不可避免，但你从来就没有做错什么呀。

如果父母不能成为你的天使，你也不要放弃，努力变成自己的天使啊。

时间都去哪儿了？

推荐音乐：五月天《干杯》

01

《极限挑战》有一期栏目里，嘉宾们一起走过一条时光大桥，路旁都设有代表时间的路牌。节目最开始，他们都规划了自己的寿命，而此时他们将在这条路上消耗掉节目里剩下的"寿命"。

1977年，黄磊的老婆孙莉出生。1988年，孙红雷高中毕业。1990年，黄磊考上了电影学院，这一年，我出生了。1992年，王迅当兵了。1993年，黄渤开始出去演出了。走到1994年，王迅的时间格耗尽了，他要离开了。

小猪说，他许愿王迅可以和他们一起继续走下去。可是，他的愿望超出了自己的能力范围，人不能起死回生。

看到这儿，我没控制住情绪，瞬间哭到不能自已。家乡的父母,在没有子女陪伴在侧的日子里不知不觉地白了头。他们究竟还能等我多久?

二十年,还是三十年?差不多也就是从我出生到现在的时间。可是我向后看,也不过弹指一瞬啊。我接受不了这样残酷的现实,更接受不了有朝一日我会失去他们。

平时给老妈买衣服时,总是给她挑让她看起来年轻、漂亮的衣服。因为,我倔强地不肯承认她真的正在老去,不再适合那些带有蝴蝶结装饰、粉粉嫩嫩的衣服了。我的妈妈,不再是年轻的女人了,这是多么悲伤的一件事。

有一次逛街,妈妈看到一件荷叶边碎花衬衫,非常喜欢但是又犹豫风格太年轻不适合自己。我说:"怕什么呀,喜欢就穿上试试。"

这时候,服务员满脸笑容地过来了,对我说:"您穿吗,给您拿一件试试?"

我说:"不是我穿,是我妈妈穿。"

服务员的脸上显现出一丝诧异,吞吞吐吐地说:"这款……都是年轻小姑娘们穿,好像……不太适合阿姨哈。"

老妈神色也略有尴尬地说:"是啊,就说不太适合我了,我们去别处再看看。"

于是,她拉着我离开了。

我边挣脱边抱怨:"凭什么不能试?您这年纪怎么就不能穿了?"

老妈说:"都这年纪了,哪能还穿小姑娘的衣服。"

我说："谁规定了只有小姑娘才能穿花花绿绿的衣服？我妈貌美如花，什么衣服都能穿。"

我一边斥责那个服务员的职业素养，一边怪她不懂时尚，其实，我不甘心的是，妈妈已经在变老了。

岁月是个小偷，我们成长的速度，一定要努力追上父母变老的速度啊。

02

小时候，我们觉得时间好慢，盼着放假，盼着毕业，盼着长大。可长大后才发现，十年恍如隔日。十七岁的你羡慕七岁的你，无忧无虑，天真无邪；二十七岁的你，羡慕十七岁的你，青春蓬勃，花样年华；三十七岁的你，羡慕二十七岁的你，年轻气盛，勇往直前……你看，人啊，总是在偷偷怀念着。

偶尔路过二十四中，看到学生们三三两两地出入校门，突然想起自己的学生时代。果然，十七岁放的一个屁都是香的。可惜，那个时候的我们，并不懂时光的珍贵，总觉得学校是一个摆脱不掉的枷锁，将我们牢牢禁锢。

有一部分人，讨厌上学、讨厌考试、讨厌家长老师的喋喋不休，实际上是讨厌做什么也做不好的自己吧。所以，他们沉迷游戏，沉迷小说，沉迷一切与学习无关的事情，无非是想让自己逃避现实，自暴自弃。谁都无法叫醒一个装睡的人。

又有一部分像我一样的人：想一鸣惊人，却不够努力；想浪迹天涯，却没有资本。我们桀骜不驯，想证明自己并不是一无是处，可往往空有梦想的口号，却没有务实的行动。

后来呢？有的人顺利拿了好学历，有的人把兴趣变成了事业，而剩下的人学没学好，玩也没玩出什么名堂，不上不下。

最后在时间面前，我们再无可挥霍，只能后悔莫及。我们都一样，喜欢抱怨现在，然后未来的某天再回头缅怀。

如果我们想做一件事的时候没有去做，之后就会用千千万万个理由来阻止自己。潜意识里，我们把要做的事情直接放在了这段时间的末尾，等到意识到这件事情还没做的时候，其实已经晚了。时间都去哪儿了？我们之所以平日里有恃无恐，是因为我们总是以为还有明天，而时间在不经意间全都溜走了。

为什么总有人感到空虚呢？叔本华说："闲暇是人生的精华，除此之外，人的整个一生就是辛苦和劳作而已。但闲暇给大多数人带来了什么呢？如果不是声色享受和胡闹，就是无聊和浑噩。人们消磨闲暇的方法就显示出闲暇对于他们是何等没有价值。凡夫俗子只关心如何打发时间，而略具才华的人却考虑如何利用时间。"

之前我经常有一种感觉，说不清楚是什么，就是感觉心里空落落的，什么都不曾拥有，什么都没有留下。我好像在找一样东西，可是却怎么也找不到。后来，我才意识到，我丢了的东西，叫作时间。

感到空虚的时候，或许是在提醒我们：时间在遗失。如果我们在做毫无意义的事，或许当时拥有短暂的快乐，可过后我们又会被一股内疚感紧紧包围。我们会害怕、会迷茫，感觉不到一丝的安全感。因为只有做了自己想做的事，才能让我们内心充实。

03

向前看，时间很长，回头看，回忆很短。自己独自在大城市里生活，节奏很快，行为自由，不为家庭所累，并没有对时光太在意。

只是每次在网络动态里看到当年在一起读书的同学结婚生子，才有一种被时间追赶的紧迫感。突然发觉自己早就已经不是小孩子了。

少时不懂时光没有更迭，成年时感慨岁月一向无情，而我们却仍旧残留着孩童时的懒散，对时间不以为意。日复一日地上下班，稀里糊涂地混日子，不知道为了什么而努力奔跑，不知道该如何度过人生剩下的几十年。在我们苦苦挣扎想不清楚这个问题的时候，时间就已经远走高飞了。

可怕的不是时间荏苒，而是我们终日守着房租、水电、信用卡账单，做着不劳而获的白日梦，被生活欺负过、踩躏过，热血渐凉，好想流泪却麻木到再没有眼泪，尽管混沌不安，却再也没力气去追。

有人问，你不是说什么时候都来得及吗？那就晚点再开始吧，反正有大把时光。

我想告诉你，时间不会等你，从什么时候开始由你决定，早一点开始，让自己少一点遗憾。

电影《童梦奇缘》里，小光渴望长大，渴望早早离开这个令自己讨厌的家。阴差阳错服下一种药水，让他一夜之间变成了成年人。惊喜万分的小光来到了梦寐以求的成人世界，但药水的副作用使他比常人衰老得要快得多。

当他意识到这点的时候，意味深长地说："好像除了我之外，每个人都觉得自己有好多时间。"

大家有没有见过自己老了的样子？可以打开修图软件试一试，恐怕15秒都坚持不下来。当我们满脸皱纹，白发苍苍，面对孩子们的时候，想要诉说自己的故事，希望只是一片空白吗？

就像高考倒计时印在后黑板上的显眼的数字，提醒着我们时间在被不断地被燃烧着。人生也是一场倒计时，从我们来到这个世界的那一刻起就开始了。没有意识到时间犹如白驹过隙可以被原谅，但意识到了，却还不好好珍惜，就不配被原谅。

不要再疑惑时间都去哪儿了，它就在我们的手里，抓住它还是任它溜走，想好了吗？哪怕生命只有一天，我们也要活得精彩。

我不怕这世界给予我的伤害，只怕有一分是来自你

推荐音乐：五月天《小时候》

01

《快把我哥带走》里，时秒的哥哥时分擅自给她报名了优秀贫困生。在表彰大会上，领导让她代表贫困生向全体师生发言。

接着，时秒用极为放肆的方式来表达自己的抗拒，把伤害回敬给哥哥。她带上了黑白混色假发，画了眼影，涂了口红，穿得不伦不类，打扮得非主流。她离家出走了一整天，结交了小混混，甚至用自己攒了很久的旅游基金任性地换了一部手机。

对于家境，时秒是自卑的，而尊严是她最后的骄傲。可把她仅有的尊严扯开摊在众人面前来换取同情的，是自己的亲哥哥。

她说："疼痛是保持清醒，抵抗是以毒攻毒，所以疼一下我其实不怕，我怕跟我一起经历的人都不知道我疼在哪儿，我更怕

这个世界对我的攻击里，也有你的一刀。"

或许很多人都觉得时秒爱慕虚荣、不懂事，明明家境不好却还死要面子。还有人说时秒是个白眼狼，没有她哥，她早就饿死了。可是没有经历过贫穷的人不会明白，他们需要的是尊重，而不是同情。

其实她所有叛逆的源头都来自时分的擅自主张，时分没有想过处于青春期的妹妹的自尊心有多敏感，并且从未与她商量，擅自主张替她做决定。他不知道她到底疼在哪里，只是一味地骂她，你所谓的面子和尊严，能当饭吃吗？

被无关紧要的人伤害，或许可以一笑而过，视而不见。但被最亲的人伤害，却是刻骨铭心的。

02

我在四年级的时候，因为学习成绩不好，特别不受老师待见。

有一节课，我因和同桌小声说话被老师发现后被罚了站。尽管是同桌主动说话的，可老师对成绩优异的同桌并没有厉言相向，而我却遭到她无情的冷嘲热讽："你来学校是干什么的？真是没什么出息。"

老师偏心，我早就习以为常了。可始料未及的是，当我决心要改头换面努力学习的时候，老爸也阴阳怪气地奚落我："你一辈子也就这样了，不会有什么大作为了。"他的几句话对我造成的伤害犹如万箭穿心，一下子把我好不容易积攒起来的希望瞬间击碎。

那个时候，我常常半夜躲在被窝里哭，感觉自己被全世界抛弃了，人生失去了意义。我一遍又一遍地自问，为什么明明已经很难过了，可偏偏最亲的人还要给自己致命的一刀。他只会像别人一样斥责我，却从来没了解过我。对于这样的伤害，我耿耿于怀，始终难以释怀。

老妈劝解我说："你爸就是那样的人，他不会说好话，其实他只是想用相反的方式来激励你，你要学会理解。"

而我越哭越凶。我真的不需要这样的激励，谁不是第一次做人呢？为什么我就要处处理解你们大人？我年纪小难道就不应该被理解吗？明知道是伤人的话，为什么还要说出来？就因为是大人，所以就拥有为所欲为的权利吗？我做错了什么，尊严要被这样践踏？

他难道不是我在这世上最亲的人吗？在我心里，最亲的人是可以相互依偎、相互理解的，是最温暖的依赖，而不是压死这世上仅存的一点希望的最后一根稻草。

越是被否定，内心越是抵抗。既然你可以无所顾忌地伤害我，那我也只好去伤害你。

03

肖肖和我有类似的经历,只不过她的记忆更难以抹去。

十五岁那年,班里有个同学在教室丢了100元钱。

突然有个人说:"我好像看到肖肖放学后回了一趟教室。"

这件事一传十,十传百,整个学校都把她视为小偷,人前背后议论纷纷,指指点点。因为没有足够的证据,无论肖肖怎么强调清者自清,都无济于事。就连老师也兴师动众地给肖肖的母亲打了电话,希望能面对面谈谈孩子的品行问题。

肖肖大概五岁的时候,跟着母亲去商店。趁母亲和店主说话的工夫,肖肖悄悄拿了一块巧克力塞到自己的口袋里。后来无意间被发现,母亲厉声质问巧克力从哪里来的,肖肖吓哭了,道出了实情。母亲狠狠打了她一顿。

如今,母亲不由分说对肖肖一顿劈头盖脸的痛骂:"人可以穷,但是要有骨气!这么多年,你都记不住,脸都被你丢尽了。"

肖肖不想再辩解,沉默不语。

肖肖永远忘不了母亲那个充满厌恶的眼神:你真是让我太失望了!

后来同学的100元钱在她自己的口袋里找到了,偷窃事件以乌龙告终,但这件事却成了肖肖心底永远的一根刺。

肖肖说:"其实全世界误解你都没有关系,最难过的莫过于最亲近的人居然也不相信你。"

04

被最亲的人伤害后，后果会怎样呢？

我们在禁锢的血肉中诞生，在忧伤的战斗中成长，在时间的流转里失去彼此。

多年以来，肖肖变得不再相信任何人，她把真实的自己封闭在内心世界，谁都不得靠近，谁都不得触碰。她无法向任何人完全敞开心扉，因为在她看来，无论多么亲密的关系，也会轻易背叛，只有自己不会背叛自己。

而我呢？一直以来都没有什么自信，更是有一段时间内心叛逆、消极自卑、自暴自弃，经常觉得自己是上帝的一个失败品，不配拥有爱，不配得到青睐。那个时候的我，脆弱敏感，经常在夜晚哭着入睡。

或许这就是《悲伤逆流成河》的共鸣了，虽然不及十分之一的悲惨，却感同身受。

直到易遥选择死亡的那一刻，都没有一个人愿意相信她。小说里，她的妈妈天天责骂她"赔钱货，怎么不早点去死"，和她从小青梅竹马的齐铭放弃了她，说不在乎她的过去要永远照顾她的顾森西也不相信她，她生存的希望被彻底摧毁。

其他人无论说什么,只要捂住耳朵不听就好了,可对我们来说极为重要的人,哪怕一丁点伤害,都可能让我们的坚强瞬间崩塌。

长大后,虽然我的那一点点怨恨变成了不理会,自己由懦弱变得勇敢,不甘沉沦,挣扎着也要爬上来,但记忆里的伤害还是在成长的过程中留下了疼痛的记号。我可以原谅,但是却永远忘不了。

我们总以为亲近的人可以肆无忌惮,但其实亲近的人彼此最容易伤到对方。

我希望,亲近的人不是靠绑架亲密关系就可以消化那些伤害,而是不去伤害。我们相互依偎,即使没有全世界,还有彼此在身边取暖。

Part 6

喜欢你真好

陆

你的孤独是一座花园

推荐音乐：杨丞琳《年轮说》

经常有读者朋友告诉我：我很孤独。

曾经我就是一个非常害怕孤独的人。

小时候，父母工作忙，我经常被锁在屋子里。

大概是怕自己变成井底之蛙，于是一个人做了很多事：一个人看书，从写字桌到床上，从白天到黑夜；一个人眺望天边的云朵，看它们变幻成各种形状；一个人偷偷听歌，感同身受的歌词不自觉飞入脑海之中。所有的孤独，都被锁在了这些承载物里。

青春期的日记里除了秘密的悸动，剩下的篇幅里满满写着"孤独"二字。我会因为一段关系没有得到期望的回馈而心灰意懒，会因为一件事没有做好而一蹶不振，还会因为一种感受不被理解而怅然若失。日积月累，我意识到了自己的孤独，而我无时无刻不与这种感觉做着抗争。

来到北京后，我开始习惯着一个人。

我可以一个人去逛超市，一个人看电影，但我始终没有办法一个人去吃火锅。

大概是因为吃饭这件事在我心里是人间烟火，其实我也不是没有一个人吃过饭，比如大学在外兼职时、乘火车来北京面试时。

再看看青山七惠笔下的万梨子——"很久以来，我一直认为自己是比较勇敢的。上中学的时候，就能一个人去电影院看电影，去咖啡屋喝咖啡。还能独自去外国，和素不相识的人也能混熟。只是当自己这样独来独往的时候，常常会忽然陷入一种动弹不得，或者根本不想动弹的心境。每当这种时候，我都想去搏斗，想去和那个使自己不能动弹的东西搏斗。那个东西，有时是偶然听到擦肩而过的人说的一句话，有时是节假日里看到的夕阳，有时仅仅是电话机。"

我想我可能不够勇敢。

生病时裹紧被子，渴望一句关心或者一杯热水；偶尔半夜失眠，在好友列表里却找不出一个可以聊天的人；和伴侣在微信里吵架后，委屈的眼泪爬满脸庞，胸腔里的温度低于体表；仰望城市里月明星稀的夜空，憧憬特卡波小镇的星空和芬兰的极光。

我突然想起北岛的那段话：一个学习孤独的人，先得有双敏锐的眼睛。怎么说呢，就是得先静下心来，才能与孤独相处，取得平衡点。天空吸收着水分，越来越蓝，蓝得醉人，那是画家调不出来的颜色。

孤独在夜晚最盛。

"在深夜一边崩溃一边自愈的时候，只有自己。"

这可能是我逐渐习惯孤独的开端。

迷路在陌生的街道，不再惊慌失措，地图里的导航足够让我找到回家的路；失去一个与自己背道而驰的朋友，也不再觉得可惜，只是缘分已尽；即使想法不被认同，也不再自卑，只需用结果证明一切。

蒋勋先生说："孤独是不孤独的开始，当惧怕孤独而被孤独驱使着去找不孤独的原因时，是最孤独的时候。孤独没有什么不好。使孤独变得不好，是因为你害怕孤独。"

害怕孤独，只是还没学会和孤独相处。

如果你笃定孤独的人都是可怜人，那就大错特错了。被迫孤独的人，是狭隘或胆怯，是过于依赖，是难以敞开心扉。而享受孤独的人，是纯粹或洒脱，是自强自立，是守护自由的自我。

孤独只是成年人的一种常态。

刘若英写过一本书，叫作《我敢在你怀里孤独》。

她在"艺术8"开签售会时，刚好是我来北京的第一年。

我下班后坐公交车赶了过去，到了那儿却下起了瓢泼大雨。我撑着伞小心翼翼地避过积水坑，顾不上顺着伞沿被打湿的肩头。因为雨水虽凉，但心却是暖的。

活动结束后，我和NIKI哥在LINE（通信软件）里通了语音电话。但是信号不太好，没说几句就断了。

他问我："所以你喜欢刘若英喔？"

我说："就是还蛮欣赏她的人生态度啦。"

我没有告诉他有一部分爱屋及乌的原因是她的好朋友阿信，为了避免在他面前提及老板的尴尬。

或许是以前中国台湾偶像剧看得太多，每次跟他聊天，我那蹩脚的台湾腔总是脱口而出。尽管他曾告诉我，普通话他可以听得懂，但我还是一如既往。不知道在他看来，我的口音是不是不伦不类，也没好意思问过。罢了，我真不是故意的，顺其自然好了。

我记得他还给我拍过办公室外台北的彩虹，那是我曾经向往的风景。喜欢一个人，爱上一座城。

刘若英在书里提及："独居是一种孤独，但孤独和寂寞是不一样的。孤独是一种状态，寂寞则是一种负面情绪。"如果你感觉到孤独，或许是你正在长大。

小光听说我去了刘若英的签售会，吵嚷着跟我要签名书。因为他喜欢的女孩很喜欢刘若英，但可惜我的那本书是TO签，有名字的。我瞥他一眼，你怎么不早说。

即使他还是从别的地方弄来了刘若英的书，也没能留住他的女孩。后来他看了很多很多书，告诉我他懂了很多很多道理。

我也明白了很多，比如有些人终究只是过客，除了爱恨情仇老死不相往来，便是心照不宣地淡出彼此的生活。

自从NIKI哥恋爱后，我们就几乎没有联系了。

人需要学会偶尔孤独。哪怕你有一个亲密的伴侣或者一位挚爱的伴侣，所谓两个人的成长里，总是不能忘了自己依旧要独自成长。

回到北京的这些天，父母和朋友都问我：有没有后悔这么早回去，是不是很无聊。

说实话，我没有。

待在屋里的这段时间，其实是很好的调整期。我可以自由支配自己的时间，做自己想做的事。每个人努力的那些时刻，大多都是孤独的。

不知从何时开始，我已经习惯了一个人住一间屋子，因为我需要时间独处。

我为自己卷寿司、拌沙拉、做三明治、买鲜花、读书、看电影、改书稿……孤独却充实。

可喜的是，近来我的厨艺增进不少。我尝试了酸汤鱼、土豆炖牛腩、牛油果培根吐司，甚至还学会了炸油条。虽然品相不算特别出众，但所幸味道还不错，不至于划入黑暗料理的行列。

"把时间浪费在美好事物上"或许就是和孤独相处的最好方式吧，不会因为空虚而感到焦躁。挤在煎蛋上的笑脸沙拉，好似给生活加了蜜糖，充斥着香甜的味道。

有人苦于孤独的情绪，觉得自己融不进某个圈子，和他人格格不入。其实，交朋友和谈恋爱一样，也是需要契合的。你想靠近一个人，一定是他身上某个特质吸引着你。而能让友谊为之长久的，是彼此的真诚和空间。

我想用《生活大爆炸》里Leonard的演讲告诉你："那些你独自一人度过的时间，比如组装电脑或练习大提琴，其实你真正在做的是让自己变得有趣。等有天别人终于注意到你时，他们会发现一个比他们想象中更酷的人。"

不要用孤独来判定自己是一个失败的人。每个人都是独一无二的，你只需在孤独的时光里塑造自己，就会吸引相同的人。

优秀的人会孤独，但永远不会寂寞。因为他们的孤独虽然缄默无言，但却带着强烈的目的性。他们的内心丰富多彩，可以在孤独的时候把自己照顾得很好，热爱生活，享受生活。

如果你感到孤独，要先克服自怜的阴影。

孤独的意义在于在大千世界中寻找自己，而不是丢了自己。

与孤独签订一份体面的协定，你可以成为更好的人。

喜欢你的人才会陪你玩这种幼稚的童话梗啊

推荐背景音乐:八三夭乐团《想见你想见你想见你》

我总是对一些事物的虚构含义有着特殊的执着和情结。

01

不开心的时候

吃一颗糖就好了

比如,小时候看火得一塌糊涂的偶像剧《王子变青蛙》,里面的一个男孩总是会在喜欢的女孩心情不好时递上一颗太妃糖,让她忘记所有悲伤。

于是那一年,有个好朋友送了我好多好多的太妃糖。开心的时候吃,难过的时候也吃。

不过,如果有治愈的胶囊,就快些咽下去,若是一直犹犹豫豫含化了糖衣，只能弥漫一嘴的苦涩。

只是太妃糖吃得多了，再也没有用了。

02

找到四片叶子的幸运草

就找到了幸福

后来，四叶草的传说沸沸扬扬。一得空儿，我就去学校的草坪里折腾。现在回想起来，总算是知道自己不好好学习的时候，都在干吗了。

飞轮海有一句歌词：

翻天覆地，找幸福给你。

每每默念这句话，就有一股暖流汇聚心田，释放着幸福感，整个人都逐渐温柔了起来。

抱着这样的心愿，着了魔般地不断寻找着，然后分送给亲近的人和喜欢的人。

事实证明，幸福的传递都是谣言。

幸运草带不来幸福，也挡不住离别。

03

每年我送你一枚铜钱,

到了你八十岁就会有好多好多钱。

2009年迷上了一部剧——《少年包青天之天芒传奇》。

包拯每年都会在小蛮生日那天送一枚铜钱给她,因为他曾经答应她会一直送到八十岁,到那时候她就会有好多好多的钱。

淘宝此时还寂寂无闻,我找了好久景祐三年的铜钱,无果。

干脆用红绳穿了一枚乾隆年间的铜钱挂在了手腕上,似乎也能起到相同的慰藉作用。

但自从我滔滔不绝地把这部剧安利给我哥以后,他似乎对我格外地好。

04

如果和喜欢的人一起去坐摩天轮,

就会注定在一起。

再后来，我又喜欢上了摩天轮。

有关摩天轮的童话也是风靡一时：摩天轮的转动代表幸福的轮回，传说摩天轮是为了和喜欢的人在一起才跨越天空存在的。

和大多数青春期的女孩一样，我有了一个和喜欢的人一起坐摩天轮的梦。

有一个男孩，每天都会在我的书桌里塞一张摩天轮的照片，背面写着他亲手摘抄的祝福语。

一开始，他总"妹妹，妹妹"地喊我，后来居然写了一封情书给我。信中说：皓月当空，美景如此多娇，我开始不由自主地想念你。大抵用了毕生的比喻吧，全篇倒还挺富有诗意的。

他还送了我一张古代女子倚坐池塘边的画，是他亲手所绘，并说这就是他心目中的我。

说真的，如果不是知道他已经有女友，我真的要被感动了。但又仅限于感动。

对于不喜欢的人，他对你越好，你越是会瑟瑟发抖。

他告诉我，和女友之间早就只剩亲情。这句话让我对他的印象一落千丈，这样极度不负责任的说法，简直是在亵渎美好的爱情，虚伪透了。

我的同桌是他的老同学，也是他女友的旧友。我毫不留情地把情书拿给了同桌看，同桌一边骂一边把情书撕成了碎片。

上了大学终于实现了有关摩天轮的愿望，不过不是和喜欢的人，而是和朋友一起。

我满怀憧憬地坐了上去，可内心却没有丝毫的波澜，反而觉得无趣又漫长。

也不过如此啊。少女的梦在失望和失落的情绪中骤然跌落，瞬间破碎。

青春里那些浪漫的魔咒，终究是从未生效。

05

即使成长中有必经的溃烂

也要相信幸福会为你而来

你问，为什么会相信这些幼稚的童话？

我说，因为这样比较幸福吧。

在这些浪漫场景的催化下，逐渐在内心描绘着相应的需求，形成了未来伴侣的模样。

但有悖于现实的一点是，我遇见的人总不具备所有的特质。于是，无数次的反差对照之下，感情只好无疾而终。

或许遇见那个完美伴侣还要很久很久，又或许世上根本没有所谓的完美伴侣。

只是我再也不会把希望傻傻地寄托于一件物品，臆想终究只是幻想。未来要靠自己，感情要靠缘分。

不知道这种成长是不是一种悲哀：我不会强求了。

随处可见的尴尬是：你给他的这些自以为的美好，他都不懂，也不在乎。

喜欢你的人会为你制造惊喜，而不需要你任何的提示，也不需要你卑微的祈祷。

我曾想过，是不是自己的要求太高了，对方又不是肚里的蛔虫，怎么可能心照不宣地做到我的心坎儿里。

爱情里的观点总是残酷又矛盾的。

久而久之，我又有了一些类似第六感的深刻体会。

他是不是配合你完成这一段爱情的剧本，你是有感觉的。所以，我决定达成一种亲密关系的和谐，在这里，魔咒是可以锦上添花的。

我希望在一段感情里，被制造浪漫和惊喜。与此同时，我也会铺开给对方的美好，慢慢地说给他听。

如果还没有遇到，那就自己给自己。

几个月前，我就给自己买了一个清水寺的开运樱花铃铛。挺好看的，图个开心吧。

无论多么遥远，还是依然要相信，这个人会为你而来，幸福也会为你而来。

| 你想要的,时间都会给你

先说爱的人输了吗?

推荐背景音乐:High4/IU《除了春天、爱情和樱花》

电影《两小无猜》里有这样一句话:

我不敢先说爱你,
因为我怕你以为这是场游戏。

就好像在愚人节用开玩笑的语气说出"我爱你"。说者有意,却怕听者无心,只是觉着荒唐。

有人觉得先说出爱,若得不到回应,要比对方不曾知晓更加悲伤。因为从前还能若无其事地陪在对方身边,一旦捅破那层薄茧,两人的关系会变得尴尬、凝重,便是再也没有底气如从前那般欢喜自在,连给予对方的好也从自然而然变成了别有用心。

虽然心意有去无回令人怅然若失,但"落花有意流水无情"的事也再正常不过。悲伤是因为爱而不得,但两情相悦的概率真的很小。我只要你知道就可以了,除此之外别无他求。就算你不爱我也没有关系,我仍用我的方式爱着你。或许慢慢地我会放下对你的感情，或许我还会喜欢上别人，但是我不会后悔当初先说了我爱你。

还有人觉得先说爱的人，就等于先向对方示弱。对方仗着你喜欢他，便肆无忌惮。你低下高贵的头颅，皇冠滑落，失了方寸，丢了傲骨。

我喜欢一部叫作《无心法师》的剧。

张显宗对岳绮罗的爱炽热动人，关于他们的桥段我来来回回看了好多遍。

岳绮罗问张显宗："你为什么对我这么好？"

张显宗说："因为我爱你。"

"可是我不爱你。"

"我知道。"

"不是两情相悦才叫爱吗？"

"这个世上根本就没有那么多两情相悦的人，更多的是像我这样的人，爱就爱了，谁还在乎有没有回报呢？"

张显宗疼她、爱她、护她，对她不离不弃，最后甚至为她丢了性命。她从未正眼瞧过他，甚至还羞辱过他，但最后终究为他的死落了泪。"世上再无张显宗，无人爱我岳绮罗。"

张显宗在这段感情里卑微到尘埃，算是丢了自己吗？也算是吧。人人都说不值得，但到底值不值得自己全都知道，只是不愿意计较。当有一天不喜欢对方了，整个人才会清醒。

爱是心甘情愿的，没有值得不值得这回事。我爱你，我对你好，我已经得到了我想要的，你不爱我又有什么关系？先说爱又有什么呢？或许会错付，但终会在爱中成长。

我不觉得先说爱的人就是输家。

在我看来，输的人并不是先说爱的那个，而是先不珍惜爱的那个。

紫霞先说了爱，可输的人却是至尊宝。那个姑娘爱他的时候，他不屑一顾，等到失去时才后悔莫及。姑娘只有一世，而他却要面对生生世世的孤独和想念。这世间最苦的爱情是爱而不得吗？不是的，是你爱我而不得。

我曾经喜欢一个男孩。

我偷偷地暗恋他，目光总有意或无意地落在他的身上。一见他我就心跳加速，不敢跟他说一句话，甚至不敢与他对视。被摄了魂，大抵就是如此这般吧。我只敢在短信里和他交流，谈天说地，肆意玩笑。

毕业后，我约他出来，告诉他我有话对他说。

他第一句话就是问我："你该不会喜欢我吧？"

我敏锐地察觉到，这句话的言下之意是——别闹了，我不希望你喜欢我。

那一刻，我真的退缩了。

为了缓和凝固的气氛，我违心地撒了谎："哈，你好自恋。"

他走之后，我坐立难安。

我们还有机会再见吗？就这样结束了吗？

就算我们再无交集，就算我们再也不能成为朋友，此时此刻，我也要不顾一切地告诉你我喜欢你。

因为现在，你是我的执念啊，我哪想跟你做什么朋友。

"我喜欢你"，删了又删，只剩这四个字的时候，我按了发送键。

结果虽不出意料，但我却一身轻松了。

巧合带着一点刻意，大学我们去了一个城市。

我们常常见面。

做朋友一开始很难，但只要习惯了，就会变成真的。

当你一味付出直到掏空自己的耐性，就会知难而退。你学着慢慢放下，你学着把他当朋友，你在他面前越来越随意，热情褪去，爱情就像漏气的气球，慢慢瘪了下去。不似从前般疯狂，也不似从前般执着。

完全把他当成哥们儿的时候，我就完全是我自己了。

可是有一天，他喝多了，带着醉意说喜欢我。

像是演唱会第二天找到了丢在角落的门票，说什么都晚了。我仿佛置身冰天雪地里，看着凛冽的风吹走我的青春，也吹走我的爱恋。

我们回不去了。

因为不重要了，我已经不在乎了，以至于竟然也不觉得有一丝可惜。

果真如毛姆在《红毛》中说的那样："生离死别，并不是爱情的悲剧。你知道得过多久，两个人中的一个才会觉得爱消失了？啊，看到一个你曾真心实意爱过的女人，一个曾让你觉得一看不到她就受不了的女人，可如今你却发现，就算你这辈子都看不到她，也无所谓。这才是真正的痛苦，这才是爱情的悲剧。"

但我一点儿也不后悔先说我喜欢你。

我不想把我喜欢他变成时光里的秘密，虽然错过可惜，但也好过从没说过。

岩井俊二的《情书》，故事就是关于没有说出口的爱。图书馆里有本普鲁斯特的《追忆逝水年华》，上面只有藤井树的借阅签名。在女生看来，他这个签字的习惯被她当作恶作剧般的行为。多年以后，女生藤井树才发现背面居然藏着她中学时代的画像。男生阿树当年对她暗生情愫。而此时，他已经去世了。奈何女生阿树从未发觉，两人就此错过。暗恋虽美，却留下了永久的遗憾。

我不喜欢这样的误会，也不需要这样的美。总想着有朝一日，我一定会对你说我爱你。所以，我们一直在等，等到别离，等到错过。殊不知，人们说"有朝一日"的时候，其实意思就是"永不"。

爱情里，没有先后，也没有输赢。先说爱的人没有输，只是更想让对方知道罢了。

多年后回想起来，我想我可以了无遗憾地说："我努力过了，我不后悔。"

我真的好喜欢温柔的人啊

推荐音乐：艾热/李佳隆《星球坠落》

01

在微博上看到一句话："我永远屈服于温柔。"

以前，我认为温柔是个贬义词，等同于软弱，因为温柔往往不懂反抗。

但年纪越大，就越渴望接近温柔。敢爱敢恨是小孩子的事，过了那个年纪，只想岁月静好，被温柔以待。

世上的刺相见于无形，每个人都有刺。一旦三观不合、性格不合、想法不一致，这些刺就会从各个方向扑面而来，伤害演变成矛盾，矛盾产生戒备。慢慢地，我们开始变得凛冽疏离，暴躁无常，局促不安。

戾气深重，丑陋无比，只会让人们避之不及。而温柔，才是人心向善的根本，任何利刃都对它无可奈何，反而会被其掩盖锋芒。

最初，"温柔"的力量我是在阿信身上感受到的。

他好像是一个没有恨的人。

你看他的文字就能感受得到。他永远记得光年外的冥王星，即使全世界都遗忘了它的名字；他会记录回忆的气味，闻起来都是香的；他能细微地感受到每个人的成长疼痛，即使伤口淌着血也会扬起嘴角笑。

有一个男孩是五月天的歌迷，不幸患病去世。

男孩的妈妈从此每天用他的微博记录对他的思念。

而阿信，一直记得这个男孩。每年他都会在微博里联系这位妈妈，鼓励她好好生活，生命仍在延续。

每每看到这里，总会心中一暖。他的温柔让我感知到这个世界的美好，就好像手心的小太阳，炙热让心开始滚烫起来。哪怕生活里有太多的不堪入目，这份温柔恰好治愈了悲伤。

我喜欢温柔的人，所以我也希望自己变成另一个如他般温柔的人。

这个世界太暴躁了，所以我们渴望汲取这种温柔，以磨平尖锐的棱角。

这个世界太苦了，所以我们渴望遇见这种温柔，以抚平开裂的伤口。

02

温柔到底有什么不可抵挡的力量？

温柔是可以救赎的。

才看了电影《悲伤逆流成河》，我非常感谢编剧给了十年后一个温柔到骨子里的顾森西。

易遥在学校被同学欺负、污蔑、孤立，而顾森西不离不弃地守护她，他是易遥心中最后一块尚未崩坏的地方。

易遥说，跟我沾边的人都不会有什么好运气。

顾森西向她身边挪了挪，笑着问她，够近吗？

这样的温柔，纵使冰海山川也会融化吧。自卑胆怯如易遥，一夕之间坚强又乐观。

虽然故事的结局有一丝悲伤，但顾森西不顾众人阻拦把跳海的易遥救了上来，是他给予了易遥在这世上最后的温柔。

易遥死于流言蜚语，如果所有的人都可以温柔一点，悲剧就不会发生。

温柔可以治愈伤痛。

柏邦妮说："心里全是苦的人，要多少甜才能填满啊。"

马东反驳她："你错了，心里有很多苦的人，只要一丝甜就能填满。"

小说《解忧杂货店》里，因男友身患绝症，年轻女孩月兔在爱情与梦想之间徘徊；松冈克郎为了音乐梦想离家漂泊，却在现实中寸步难行；少年浩介面临家庭巨变，挣扎在亲情与未来的迷茫中……而误入杂货店的三个小偷，却用一封封回信温暖了每一个寄信的人。

工作忙碌了一整天，半夜回到家，桌上放着一碗热腾腾的面，这是爱的温柔；流言蜚语的攻击下，有人捂住你的耳朵，告诉你不要听乱世的耳语，这是善良的温柔；一个人在深夜里加班，朋友发来几句消息嘘寒问暖，这是陪伴的温柔。

温柔的人呐，你不在，所有的美好如何发生？

03

年纪越大，就越受不了虐，只想尝美好的口味，闻温暖的气味。

大多数人对喜欢的人和事物是温柔的，具有足够的耐性和好脾气。比如，你喜欢一只猫，即使它抓烂你的沙发，咬坏你的拖鞋，你也舍不得打它一下。再如，你喜欢一个人，即使他无视你的爱，总让你掉眼泪，你也依然爱他。

为什么要温柔？

绿川幸在《夏目友人帐》里说："我想成为一个温柔的人，因为曾被温柔的人那样对待，深深了解那种被温柔相待的感觉。"

我深深懂得温柔的感觉，向无边的黑暗放逐时，突然被一只手抓住，瞬时有了停驻的安全感。

十几岁的年纪，我和一个关系很好的人决裂了。难过、痛苦、彷徨，仿佛失去了一切。一声不吭地趴在桌子上，感觉天崩地裂，六神无主。

可朋友过来一问，我就哭了。

因为她对我说，不管你失去了什么，你还有我，我永远都在。

谁能抵挡得住温柔呢？它让你发现自己是重要的、特别的、有意义的，你的天空不只是夜深，你的季节不只是寒冷，你的人生不只是悲伤。

温柔的人，就是温柔本身，是冬日里的一缕暖阳，是山涧中的一掬清泉，是手里的一朵棉花糖，是夜空中的一颗星，是人间的一份确幸。

04

温柔不是性情柔弱、忍气吞声，而是善良、包容、随性，不是一味争强好胜，而是适时收敛，是真心不是迎合，是一种强大的力量。

温柔的人从不在言行上轻易伤害他人，因为他们往往曾经历过某些伤害，所以不愿意再将这份痛苦加诸任何一个人。他们心里有爱，所以懂得照顾，懂得将心比心。不是惯用甜言蜜语讨好你，而是用温热的手握住你冰冷的手，用干净的袖子把你的眼泪擦干。他没有"应该"那回事，却有"温柔"这回事。

所以，我们喜欢的人都有温柔属性。我们喜欢夏目贵志，喜欢金木研，喜欢宫崎骏，因为他们即便曾被生活拖入黑暗，也报之以温柔。即便明白这一切终将失去，明白这一切终将归于虚无，也依然会去殷切地渴求，去祈祷这一切变得更加美好。

疲惫的人生已经不堪重负，所以只想轻轻松松地生活，少一点套路，少一点钩心斗角，少一点纷争，多一点恰到好处的温柔，被温柔的人爱着，被温柔的事包裹着。真希望可以永远年轻，永远热泪盈眶。

温柔的人太美好了，连笑起来都是干干净净的，拥抱他就好像拥抱了全世界。接近温柔，自己也开始变得温柔起来了呢。

温柔，让我们心存希望。

我贪慕温柔，也愿意成为一个温柔的人，你呢？

我喜欢的人会发光啊

推荐音乐：孙燕姿《克卜勒》

他们说：大人的世界，没有追星这回事。这么幼稚的事，是小孩子才会做的。所以，他们百思不解：偶像那么虚幻的一种存在，怎么会成为一种信仰？在他们眼里，这是一个无脑的组织，里面时常还会冒出几个傻瓜，刷新他们的三观。

喜欢一个偶像，始于颜值，陷于才华，忠于人品。或许因为他的一首歌唱进了你的心里，一切都刚刚好；或许因为你喜欢的人喜欢他，你爱屋及乌了；或许只因为他长得好看，你的心就小鹿乱撞了。他开始入驻你的生命，你开始访问他的人生。

他说我们并不遥远，抬起头我们望的是同一片天空，所以你爱上了天空。你去他长大的地方，寻找他成长的痕迹，仿佛看到小小的他在你眼前，你说如果不是幻觉，再也不能错过他。

他的过去你来不及参与，他的未来你心甘情愿陪他一起走。你看过他眼中的风景，去过他常去的餐厅，读过他喜欢的书，想离他近一点、再近一点。其实你知道你永远追不上他的脚步，但是你却和他越来越像。

你慢慢发现他越来越多的好。他善良，投身于各种公益事业却不大肆宣扬；他谦卑，不管取得多大成就还是依然彬彬有礼；他温柔，对于批评和攻击从不去反驳什么，反而虚心接受。

他说不要去引发无端的战争，有些事情我们自己知道就好。他努力，为了有好的作品，熬夜生病常常逃不过。可是他却强颜欢笑，说着没事没事，不要担心。

你们叮嘱他要注意休息，不要熬夜。他说：我不熬夜，谁把你心里的感觉写出来呢？

你开始无数次醒在无边的黑暗里，为了梦想与时间赛跑。后来你也练就了可以倒头就睡的功力，想想看，自己从来就不孤单。

你说他写的歌词怎么就那么容易契合你的心情，不偏不倚地戳中泪点。你像是找到了情绪的同类，产生了深度的默契。你说，有人懂你真好。他把那些类似的感觉融进歌里，再唱给你听，你不可抗拒地掏尽眼泪。

这样温柔的人，内心大多有一块属于自己的领地，不容侵犯。他们看起来很随和，实际上却很少有人能走进他的心里。这是一种强烈的自我保护意识，却也是一种神秘的魅力。

你不再是一个人，即使形单影只，只要戴上耳机，他的歌还在，他的声音还在。

有的人，因为喜欢的人喜欢上一个偶像。可是后来，喜欢的那个人离开了，喜欢这个偶像却作为一种习惯延续了下来。

总有一天，曾经喜欢的人会如烟般随风飘散，而这个偶像在心里却越来越根深蒂固。

2013年6月五月天的那场演唱会上,我旁边的姑娘哭得稀里哗啦。

台上的阿信突然说:"请你拿出手机,打电话给你喜欢的人。"

我听到那个姑娘一把鼻涕一把眼泪地对着手机那头说:"你不是说好了要带我来看五月天的演唱会吗?我来了啊,可你呢?"她声音颤抖,濒临崩溃,可我分明看到手机亮起的屏幕是桌面,电话根本没有拨出去。我有些怀疑来之前她是不是喝了酒。我忍不住掏出纸巾递给她,她含混不清地好像说了声"谢谢"。

这个人,他陪你度过一个又一个孤单的时刻,把失落变成温暖;他陪你度过一天又一天艰难的日子,把绝望变成勇敢;他陪你度过一分又一秒失恋的伤痛,把伤心变成释然。

时间久了,你也说不清他是一种怎样的存在,像朋友又像恋人,熟悉又陌生。你知道,就算他参与了你的青春,你的成长,最后他娶的那个人也不是你。

你知道,喜欢他的人那么多,他也不会记得你。为什么那么死心塌地喜欢他呢?因为全世界只有一个他。和他像的人也有,但都不是他。

高中的时候,我把他写进作文里,把他的歌词写进作文里。老师常常拿我的作文当作范文读给大家听,我满心欢喜,乐不可支。

我曾一度陷入成长的压力里。小时候的我们都有过这样的想法，觉得自己爸妈真是不通情达理。他们明令禁止我们：不许看电视、不许出去玩、不许早恋。或许我们外表很乖，内心却很叛逆。所以，有些人，把这些事一件不落都做了。

有一天，我听到他唱着那句"放弃规则，放纵去爱，放肆自己，放空未来，我不转弯，我不转弯"，我幻想像歌词里那样驰骋在虚无的世界里，但面对现实的束缚，我却无能为力。如同灵魂出窍一样，隐藏在现实里叛逆的另一个自己，对自由充满了无限的渴望。

我常常想：小孩子为什么要服从大人的规则呢？因为或许只有长大了，才能主宰规则吧。可长大了，我发现不通情达理的变成了这个世界。

他说：只有你学会了戴着面具生活，学会了沉默，才算是长大了。我很想问他：为什么你可以那么明白地活着？不知道什么时候，他的话成了我人生的心灵鸡汤，什么事他都看得通透，却一直安然自若。

时间也曾一点一滴在指缝间溜走，那时候搞不懂考试意味着什么，青春代表着什么，混混沌沌熬过读书的日子却怀念起自己厌恶的多年前的自己。

那时候不明白想念是什么，珍惜是什么，经历吵吵闹闹分别以后才发现面对不了生离死别。这些，他后来都告诉我了，只是却来不及了。

朋友得知我花了将近两千元买了一张CON（演唱会）的内场

票，忍不住调侃：有钱。

我没那么有钱，只是去做了对于自己而言重要的事罢了。是的，他们不只是偶像，更是我青春的模样。我想看，想用真实的瞳孔好好看看我喜欢了十年的人，不是隔着望远镜，不是隔着屏幕。因为重要，才会舍得付出，不是吗？

2016年8月26日，好不容易等到加班结束。我跑向鸟巢，朋友走在后面，距离已被拉得很远。我突然想起曾经在鸟巢外听了整场五月天演唱会的那对情侣，现在会不会正坐在鸟巢里，把完美残缺变成他们当时的心愿呢？

原来，在鸟巢外听歌也是别有一番滋味。阿信的声音穿越鸟巢，穿越人潮，汹涌地飘向我的耳际，我的一颗心脏扑通扑通地狂跳，刹那间飙泪。

去看演唱会那天之前，我在公众号群发了一条消息：

亲爱的们，今天丸子要去看五月天的演唱会了，要去听那个陪伴了我无数日日夜夜的声音了，穿过半个城市只为看他的样子。阿信唱《温柔》的时候，曾经让我们打给喜欢的人，于是这个传统就一直保留下来了。

今年的演唱会上，我真的有勇气打出这个电话吗？其实就算打了，也不见得会通。但我只想告诉他，我很想他。

"加油！"

"爱豆很棒，有喜欢的人更棒，一定要打！"

"信号通了，就在一起吧。"

……

看到这些留言，我心酸地笑了。

我的左边是一对情侣，我听到那个女生对男朋友说："我们也没有买脸贴就进来了，好遗憾啊。"我拍了拍那个女生的胳膊，把自己剩下的全送给了她。女生由衷地说了谢谢，还问我可不可以一起合照。我笑着应允。可惜的是，我忘记了向她要照片。

闭上眼睛，徜徉在《知足》的星空和歌声里。"如果我爱上你的笑容，要怎么收藏，要怎么拥有"，这动听的旋律，会是这个世界上最美的声音。空气里漂浮着不知名的香气，是五月天的味道，是青春的味道。

我们在同一颗星球，抬起头看到的却不是同一片天。你说那里夜空很美，你抬起头就能看到一大片星星。"终于你身影消失在人海尽头，才发现笑着哭最痛"，很多人都试过，蛮痛的吧？

我挥着荧光棒又蹦又跳，嗓子濒临沙哑，心里像堵了一块巨沉的石头，将近窒息。我大口大口地呼吸着周围的空气，眼泪从指缝里漏下来，我好像听见它"吧嗒"一声掉在地上。

《温柔》的前奏又一次缓缓响起，很多人在这一秒眼泪失控。蝴蝶飞了，阿信被簌簌而落的蝴蝶花瓣包围着，有着绝世容颜，他缓缓闭上眼睛。这就是多年来我心里，那个美好的少年啊！

我还是按了语音通话,看着屏幕上"正在等候对方邀请"的文字渐渐变成"对方手机可能不在身边",笑了笑,然后挂掉。

后悔吗?心痛吗?

心痛,但也到此为止了。

旁边的妹子一直在用手背抹眼泪,可惜我忘了带面巾纸,否则,我们也都不会哭得那么狼狈。幸好,黑暗里没有几个人可以看清我们的表情,正如我们彼此都不知道眼泪背后的故事有多少痛楚。

也许,每个人都沉浸在自己的故事里,听着歌声诉说着属于自己的青春和忧伤。唱起这首歌,你会想起谁呢?无论过了多久,也许你不会难过了,但你还是会心痛一下。

演唱会落幕的时候,觉得很突然。有很多人坐在座位上,没有离开的意思。有很多人还在擦着眼角的泪,默默地抽泣着。我们终究会在洪荒时光中散场,终究会如烟火般分离四溅,终究会依依不舍地说再见。

你永远不要低估一个偶像的力量。我很庆幸,自己可以有那么一个偶像喜欢着。我时常想:人生这趟旅程,如果我们不曾相遇,我们会是在哪里呢?

他说:不要把我们当作信仰,把我们当作你们人生路上的背景音乐。是啊,偶像是我们不可或缺的生活组成部分,却不是我们生活的全部。

当你偶尔疲倦、偶尔无助的时候,他们会给你力量。于是你化身勇士,霸气地挥着剑,斩断所有不快,带着生存的勇气,不认输的倔强，继续向前走着。我们应该有一个更好的未来，而不是放弃自己的人生，迷失在他的人生里。

我总是希望我前方的少年可以走得慢一点，他好像听到了我的心声。少年回头望，笑我还不快跟上。于是，我又跌跌撞撞地追着这个少年跑。

我长大了，他好像变老了。即使他还是我心中的那个少年，我也不想承认，谁也不敌岁月的汹涌。有一天，他不会再唱歌，悄然退出众人的视线，回到平凡的世界。

有人问我：他老了，你还会喜欢他吗？

我说：会啊，青春永远不会老去。

我看他慢慢地成长，从稚嫩走向成熟，跌倒了再爬起来，有过笑容和眼泪，变得越来越好，直到现在的功成名就，簇拥着越来越多的鲜花和掌声。而历经了沧桑，他好像还是那个纯真少年。

也许有一天，我也长大了，我的热情也会慢慢褪去，不再那么疯狂地追着他的CON，不再时时刻刻关注他的微博动态，不再看到他的海报就嗷嗷大叫。

有关他的一切也会被堆在一边落满灰尘，变成青春老去的记忆，还有告别年少的自己。但我还是会在他出了新专的时候去买一张，有时间去看一场他的演唱会，偶然间听到大街上某家店放着他的歌会心一笑，瞬间泪目。

有一天，我会和他告别，和青春告别。但只是暂时的，分离只是未完待续。

我们这群人里，偶有恶意的叛变。有人走着走着，用一句"你们变了"倒戈相向。其实，不是他们变了，是你变了。你变了，却还要求他们迎合你而改变，这很无理。不合拍就好聚好散，就像和恋人分手了，没必要还去诟病对方的不是。

人们的感受本身就是主观臆断，你不喜欢并不代表他不好。只是再遇到这些言论，我不会再像年少的时候，与别人争出个你死我活。流言止于智者，时间会证明一切。而我也像他一样，学会了沉默，学会了淡然，学会了温柔。

即使身边的一切都改头换面、物是人非了，你依旧执着于他。他就像你手心里的太阳，你习惯了汲取温暖，所以离不开了。

喜欢一个这样的人，不是因为他迷失了自己，而是因为他成就了更好的自己。

即使长夜漫漫，愁云笼罩，我也从未走丢过。神说，要有光，于是世界就有了光。因为我喜欢的人会发光啊。

喜欢上一个优秀的人有多幸运?

推荐歌曲:任然/小来哥《雀跃》

01

无意间在知乎上看到一个女孩大学时的暗恋时光。

她只是曾作为学妹被短暂地照顾过,一直小心翼翼地暗恋着学长。

学长是合唱团的主干,个子高、长得帅,性格又好。

女孩想给他送早餐但是觉得自己没资格,熟悉他的跑步路线,在回家重合的路线里远远跟在他的身后,轻而易举地制造偶遇却不敢上前打招呼,没课的时候偷偷坐在他们班级后面时不时抬头看看他。

她知道他喜欢穿大衣、喜欢背双肩包,他很怕热,但很喜欢下雪,他不能喝酒只能喝酸奶。

后来学长参加了选秀,她忙里忙外借着校友名义为他宣传;

学长参演的电影，尽管没有多少镜头，她还是请家人、朋友们去看了好多遍；学长的电视剧作品，她一部不落地追完了。

学长越来越红，也越来越忙。她只能在共同好友的微信朋友圈听说有关他的消息。

他们聚会的照片里，一桌啤酒瓶里夹杂的那瓶酸奶格外显眼，瞬间捅破了被时光包裹的青春，潺潺而淌的都是温暖的回忆。

结尾时，女孩说：谢谢这个夏天，又带我回到了少女时代。

即便只是萍水相逢，这个美好的人却可以让你的岁月变得弥足珍贵。

02

身处幽暗，却窥见光明。

我原本是平淡无奇的，自从有了一眼万年的际遇，便有了贪念，也想要成为一个有趣的灵魂。因为想成为能够和他比肩的人，所以想让自己变得好一点，再好一点。晃荡的时间也变得四平八稳，时光成了除那个人之外最重要的奢侈品。枯燥中有了生趣，迷茫中有了方向。

朋友说："我在网易云的评论里看到过这样一句话——当你喜欢上一个优秀的人时，你会觉得自己全身千疮百孔。我会为自己的遥不可及而自卑。"

我说:"我们可能永远一成不变吗?何况,一个有追求的人,是不会放弃自己变好的机会的。对于我来说,或许我们永远不会到达,却可以无限接近,这就够了。"

如果这份喜欢永远没有回应,付出的感情和努力都值得吗?

没有人是完美的,也没有人是一无是处的。优秀的人在前方,是为了让你走向远方。

你和他相隔着人山人海,只有把自己变得更好,他才能够看到你。抱着这样的想法去努力吧,不管结果如何,你至少不会辜负自己。

对于过去,我总有瞬间的后悔,曾经把时间浪费在不值得的人身上是多么愚蠢。

不仅生活杂乱无章,而且离当初的愿景越来越远。和这样的人纠缠只能让你沉沦。

可惜,不是每个人都懂得及时止损。很多道理尽管明白,却仍故态复萌。

如果能早点遇见就好了,因为他有让人幸福的能力呀。

就像樱花等待春天,你也在等待有资格站在他面前的那天吧。

03

电影《初恋这件小事》中,不起眼甚至有点丑丑的女孩小水因为喜欢上了足球队的学长阿亮，只要是可以变美、变好的事，她都愿意去做。在改变形象的同时，她努力学习让自己的成绩变好，为了喜欢的人能够注意到她。

最后，回国后的小水在节目里说："学长就像我生命中的灵感，他让我了解爱的积极意义，他就像是让我一直前进的动力，让我有了今天的成绩。"

优秀如他，所以他不会永远待在你身边，他所擅长的、他所热爱的，会将他带向很远的地方。

因为对方足够优秀，才有了渴望与之匹配的念头。追随着他的脚步，你会看到更大的世界，会拥有更多的经历，渐渐变成更优秀的自己。

偷偷躲在角落远远看着什么也不做，再多语言也是苍白无力的。

因为喜欢，即使望尘莫及也不会坐以待毙。

你再也不会像以前那样，只是口头摇旗呐喊"我要减肥"，然后依旧我行我素。你会开始管理身材，运动节食，杜绝垃圾食品，把身材控制到自己满意的样子。

你再也不会偷懒，不会拖延，不会将时间浪费在毫无意义的事情上。你会开始读很久没读完的书，学习外语、油画、乐器、舞蹈，进修其他专业课程，接触金融和投资，重新审视人生计划和未来。

你学会了坚持和自律，学会了自信和独立，学会了如何去爱，也学会了如何才能够被爱。

因为有了良辰美景的向往，所以人生就这样变得丰富多彩起来。

04

《四月是你的谎言》里的相遇，所到之处都是浪漫和惊喜。

"和他相遇的瞬间，我的人生就改变了。所见所闻所感，目之所及全都开始变得多姿多彩起来，全世界都开始发光发亮。"

"你的所言所行，全都闪烁着光芒，太过刺目，于是我闭上双眼，但内心还是无法停止对你的憧憬。"

"我追求着那道背影，直到与你并肩而立的那一日来临为止。"

"我可以跟在你身后，像影子追着光梦游。"

如果你非要喜欢一个求而不得的人，选一个优秀对象吧。即使最后不能在一起，但至少他值得。

曾看过这样一句话：努力的意义在于以后的日子里放眼望去，全是自己喜欢的人和事。

或许你无法变成他喜欢的人，但是却可以成为如他般优秀的人。

回首过去，希望你对他也能如熏对公生所说：能选择你，真的是太好了。

只有知道自己想要什么，才能活成自己喜欢的样子

推荐音乐：蔡依林《布拉格广场》

01

认识丝绒，源于Vintage（古董服饰）。

丝绒在鼓楼盘下了一间旧式的楼房，里面有一半是属于她的工作室，另一半是她居住的地方。

工作室里是她从美国、日本等世界各地淘回来的衣服、包包、鞋子、首饰，还有各种模样迥异的古董娃娃，都来自20世纪80年代到90年代之间，其魅力在于无可替代的岁月痕迹。她自己的衣服几乎都是Vintage，也会去好朋友的店里淘些看得上的玩意儿。她说："我买它不是为了投资升值，而是穿、珍惜并唤醒它。"

丝绒每天早上第一件事就是听复古爵士音乐，然后把认为好

听的分享到微信朋友圈。白天不定时拆箱、上新,她精心拍摄的照片,不论是搭配摆拍,还是卖家上身,即使看看都能让人赏心悦目、心旷神怡。每个订单发货,她都会用彩色丝带打包,客人到手打开时就像在拆一件用心良苦的宝贝礼物。

她有一只巧克力颜色的泰迪,叫德芙。原本我是很怕狗的,在三米之外我就可以敏锐地察觉到危险气息。但德芙却成了例外,它见了我只是欢喜地往我身上蹿,却从不狂吠,一双滴溜溜的黑眼珠热情地注视着我……它躺在沙发上,四脚朝天,乖乖袒露小肚子,歪着小脑袋看着我。丝绒说:"它这个动作,表示被你征服了。"

有时候,征服是互相的事情吧。像我这般二十多年从不接近狗的人居然能抱着一只泰迪长达几分钟,简直就是奇迹了。

丝绒说:"如果能有人像德芙一样对我,我一定立刻和他在一起。"

前些日子,她的朋友圈多了一个男孩子,和她一般,个性鲜明,两人兴趣相投。

男孩和她一起穿Vintage、拍古着衣服的上身图,丝绒开心地说:"穿自己女朋友裙子的男生很可爱。"

我羡慕她不必受朝九晚五制度的束缚,开着属于自己的店,养着自己喜欢的宠物,过着称心如意的生活。一家店,她和他,一猫一狗,其乐融融。

正如她所写的那样:"卖所爱之衣予懂之人,这就是我工作的乐趣。生活就是工作,工作就是生活,这是我最理想的状态。"

02

杨绛说:"走好选择的路,别选择好走的路,你才能拥有真正的自己。"

曾看过一个老人的人生轨迹,沈阳人王德顺,44岁学英语,49岁北漂研究哑剧,50岁开始健身,57岁创造"活雕塑",65岁学骑马,70岁练成腹肌,78岁骑摩托,79岁上T台,2015年一场时装T台走秀让他声名大噪……他就是惊艳了岁月的人,活得通透,活得尽兴。年近半百,在世俗的眼光里已然禁不起任何的折腾,而他还是毅然决然地追寻着自己想要的活法。

他不服老,虽年纪日趋高龄,却无法阻挡那颗年轻沸腾的心。他想要丰富多彩的生活,所以身体力行,将平凡的人生拼凑成耀眼的。

很多人不知道自己究竟想要什么,因为走的路太少,看到的世界太小,见识浅薄,坐井观天。行动和意识都安于现状,疏于精进,只会愈加迷茫。

我之前在咨询留学的时候,遇到了森小姐,她是负责留学招生的老师。听说我在学习服装设计,她也顿时来了兴致。或许是因为年近而立之年,重新踏入校园对于人生来说无疑是新的挑战。

她说:"你知道吗?很多打算留学的大学生压根儿不知道自己想要的是什么,问他们留学想选择什么专业,他们自己都不清楚。给他们推荐某个专业,他们又一头雾水,最后只得刨根问底这个专业到底是做什么的。"

没错,对于很多人来说,可怕的不是走得多么艰难、困顿,而是不知道何去何从。

小时候,我们无数次憧憬着自己长大后的模样,暗自期许将来要成为这样那样的人。可随着长大,我们的内心越来越懈怠,既忘记了从前,又迷失了未来。

我们对自己的人生目标避而不谈,得过且过,想随波逐流,想着自己这辈子也就这样了。然后眼巴巴地看着他人奔跑,过上自己曾经幻想的生活,成为自己曾经想成为的人,而自己却还在原地徘徊,对一切敷衍了事。

03

能够过上自己喜欢的生活并不容易,因为往往要经历过世事沧桑,才能够拥有诗和远方。但我们活着,不论何时总该有目标。

朋友辞去了工作,当起了全职的自由撰稿人。

得知这个消息的我，诧异又钦佩，因为这也是我一直想做而不敢做的事。

她说，我想给自己一点时间，去做自己喜欢的事。

其实，没有一个人一直维持勇往直前的状态，我们往往会自我否定，自我怀疑。

我之前搬家的时候，为了省钱，搬东西只好亲力亲为。途中全身湿透，汗珠顺着头发一颗颗滴下来，累得浑身酸疼实在走不动了，就停下来歇几秒钟。那瞬间我委屈地想立刻丢掉手里的行李，大哭一场。可是，这并不能让我就此把烦恼消除，日子照样还得过，东西照样还得搬。

朋友也谈起自己有一天加班到家时已凌晨三点，没有带门禁卡，自己在小区里哭了半宿。她说："以前的我很快乐，不知道为什么现在的我竟然让自己过得如此糟糕。"

是啊，或为了摆脱食不果腹，或为了证明自己的人生价值，只有知道自己想要什么，才会为之努力，从而提升自己的能力。

即使生活艰难，但我们还在努力活成自己想要的样子。成长就是在苦中蜕变的过程，撑过去再回头看，一切才显得云淡风轻。

我说："上学的时候，一天兼职的钱连一个汉堡都舍不得买。"

娜娜说："都过去了，如今我们工作了，也能吃得起大鱼大肉了，多好。"

04

如今,朋友会接一些艺人采访,做几场分享课程,去寻找特色的文艺小店……自由惬意。

或许这样的生活是大多数人的愿望,可在此之前,她经历过挣扎与矛盾,为了选择自己想要的路,只有不断地成长,积累自由职业足够让自己生存下去的能力。

蔡康永说:"如果羡慕成功者的富贵,请别一味模仿他们富贵后的事,那些名牌表呀、包呀、酒呀、车呀,都是他们富贵后的事,硬撑着模仿了,也只能图个穷开心而已。要模仿就模仿他们富贵前的事,他们那些鹰般的探查、蛇般的专注、蚁般的搜括、蛹般的耐心,全是些风吹日晒、灰头土脸的事啊。"

不要再抱怨生活不如意了,也不要再抱怨人生迷茫了,没有拥有过不足以谈放弃。确定自己想要什么,然后不断尝试,坚持不懈,最后才会活成自己喜欢的样子。

彩蛋

想给你讲讲我喜欢的人的故事

少年回头望，笑我还不快跟上

推荐音乐：五月天《任意门》

多年前，我听着耳机里那个磁性、温绵的声音轻轻唱着："回忆中那个少年，为何依然不停地追。"顿时觉得，慌乱失措的心可以不必再流浪，流离失所的青春也可以有处安放了，那时候初次认识"治愈"这个词。

青春光年里，那个小小少年，和喜欢的女孩漫步在温泉路34巷。一辆摩托疾驰而过，那句"我喜欢你"无辜地被湮没在巨大的鸣笛声响中。少年就这样和初恋擦肩而过，第一次心动戛然而止。

人生匆然而逝，总是充斥着遗憾。阿信最不后悔的，应该是屡次逃学去吉他社以至于两次被劝退，应该是1997年和另外四个人心血来潮组建了五月天这个乐队，应该是在穿越"自强隧道"时将一颗心倔强到底。而我最不后悔的是：青春里与他们不期而遇。

2001年，五月天"你要去哪里"暂别演唱会上大雨倾盆，他们和歌迷们雨中合唱。聚散终有时，告别的尾声，众人却迟迟不肯离去，触人心扉的时刻，成了永恒的泪点。

之后，玛莎、石头和冠佑暂时离开，阿信和怪兽守着这个未完待续的音乐夙愿，悄然无声地等待着。

2003年，五月天举办了"天空之城"复出演唱会，他们回来了，五个人裹着白衣"战袍"，用一首《武装》震撼开场，久违的熟悉感扑面而来，所有人都热泪盈眶。

> 天空的城 在解体
> 爱过 所以特别的伤心
> 最后我开始武装自己
> 用眼泪洗过自己
> 要强化软弱的心
> 有名字没有个性
> 我活着用我的逻辑

五月天进军内地前，在一个叫作"无名高地"的Live House（小型现场演出场馆）里演出。虽然那时他们在中国台湾地区已经大红大紫，但大陆认识五月天的人却屈指可数。

那一夜，五月天褪去偶像光环，将摇滚自我放逐，用铿锵有力的声音将台下的人一秒打成重伤，热血沸腾，深情乍泄。

让五月天这个名字深入人心、名扬大陆的歌，该是那首淘尽挣扎的《倔强》吧。每个人心中都有一个小小倔强少年，手拿锋刃宝剑，一路跌跌撞撞，一路披荆斩棘。

大城市里人群涌动，焦灼的目光、匆忙的步履、摇晃的内心，漂泊在一望无际的梦想海洋。

是啊，"谁说蓝色就代表忧伤，你看看天空和海洋"，澄澈的蓝色，承载着偌大无限的可能、望眼欲穿的远方。

如果说什么可以让人有安全感，便是这感同身受的共鸣了。你可能因为骑虎难下所以进退两难，可能牺牲了很多却总是被辜负，也可能因为无人理解你的想法而只好踽踽独行。要服软吗？要放弃吗？不愿意，不甘心。

《倔强》这首歌很中肯地迎合了人们内心的顽固，不知有多少人，在夜深人静时翻开自己的故事，听着歌流着泪，但第二天依旧带上微笑挤进人群里。

我也曾是个桀骜不驯的少年，不喜欢上课，不喜欢考试，不喜欢被禁锢了自由。青春迷茫，孤单又彷徨，是《倔强》陪我走过一个又一个漆黑的夜晚，将软弱的自己一脚踹飞。

> 我和我最后的倔强
> 握紧双手绝对不放
> 下一站是不是天堂
> 就算失望
> 不能绝望

人生的每个阶段，都会有不一样的辛酸。小时候以为长大就好了，上了高中以为考上大学就好了，上了大学以为工作了就好了，参加工作之后还是觉得小时候最好了。我们陷入一个无限循环里，终日惶惶。

大学毕业后，我来北京了，小心翼翼地规划着长远未来。文涛哥去了广州的一家建筑国企，其实是他先喜欢五月天的；小七去了沈阳读博士，前些天跟我说毕业后他要和女友定居南方啦；文姐在我们城市的一家医院工作，已经结了婚；雅雅回到我们家乡做会计工作，偶尔相亲，等待着命中注定的那个人出现。

有些人呢，会越走越远。但我们心知肚明，即使我们天各一方，辗转天涯，也还是希望彼此在某个地方好好地生活着。

固执如我，我们在KTV里大声唱着《生命有一种绝对》：

等待我 请等待我
直到约定融化成笑颜

五月天也并非一帆风顺，也遭遇过大风大浪，经历过跌宕起伏。怪兽放弃父亲的律师事务所，在炸鸡店门前演出，贴海报做义工，在公园里整晚地看护器材，多年熬夜练团写歌。怪兽妈妈因故陷入昏迷，一躺十几年，怪兽为了能让妈妈见证自己的音乐历程，常常在她床头创作，医院和录音棚两头跑。人生无常，但他们依旧在挣扎与渴望。既然付出了努力，就一定不能认输。很多人明白这个道理，但是坚持到最后的却寥寥无几。

就像玛莎所说："大家以为摇滚乐一定要大声抗议或离经叛道，但披头士、平克·弗洛伊德、U2、伍德斯托克音乐节，都是用乐观积极的态度来面对世界。我受这些乐团很多影响，他们告诉我这个世界很棒、很美好，值得你站出去为它奋斗。"

除了《倔强》，五月天还陆续创作了《温柔》《突然好想你》《你不是真正的快乐》《我不愿让你一个人》等脍炙人口的经典流行歌曲，这些歌承载了一代人青春励志的人生回忆。他们把一纸理想变成恢宏的梦想，将满腔热血变成眼前的现实。

有人说，五月天的感染力像是一种梦想传播。说到底，一个不知信念为何物的人在梦想里是活不久的，这是现实的规则和扼杀的能力。

阿信是个十足的现场杀手，像是一位读心术大师，一句话就能将你的心事说个通透。

他说，"只要心还透明，就能折射希望"，他说，"人生唯一的敌人，就是昨天的自己"，他说，"对于这个世界，我们妥协得够多了，至少在音乐里面，我们再也不要妥协"，他说，"其实我们都能同时看到同一个月亮，地球并不大啊。你从海王星看过来，会发现我们一直都那么靠近"。动人的旋律，温暖的口白，蝴蝶花瓣簌簌而落，我喜欢的人会发光。

如果有一天

你对我说 你要离开我

我不会强求 也不会再挽留

因为 我所能给你

最美 最好 最多

也是最后的温柔

我希望你 安静地听我对你说

这最后一句

我给你自由

我给你自由

我给你全部全部全部自由

  遇见很多人，看一场五月天的演唱会，是青春数年的心愿。

  五月天的演唱会美轮美奂，是一幕独一无二的风景。也许你不知道，五月天的演唱会有用荧光棒铺成的蓝海，会有用手电筒闪烁成的璀璨星空，还有蓝绿黄红的彩虹。

  也许你不知道，那位主唱会在演唱会理鬓角的时候偷偷抹眼泪，会在虚无缥缈的黑夜里用炙热写下字字句句，会在被误解的时候偷偷一个人将委屈尽数吞下，又用温柔的安慰来平息歌迷不平的怒气。

  2012年，五月天的"诺亚方舟"演唱会第一次"登陆"鸟巢，十万张票三分钟抢售一空。

  终于踏上鸟巢的他们泪洒全场，阿信脱下鞋子在舞台上狂奔，像极了一个天真烂漫的孩子，兴奋地呼喊："五月天踏上鸟巢了！"

  "诺亚方舟"这场浩浩荡荡的世界巡演走过82场，历时27个月，跨越亚洲、欧洲及北美洲，一路创下台北小巨蛋连续7场共10万人、北京鸟巢3场共30万人、高雄世运主场馆4场20万人等观众人数的纪录,还成为登上纽约麦迪逊广场花园舞台的华人第一团,无愧被称为"全球流行音乐最佳天团"。

2016年,五月天发行第九张专辑——《自传》,开始了暌违已久的巡回演唱会。

转眼到了自传最终章,他们的故事特意被记录在《任意门》里。大鸡腿、七号公园、自强隧道、无名高地、鸟巢,十多年铺满泪水和汗水的足迹,成就了今天的五月天。

2016年年底演唱会之时,昏迷了十多年的温妈妈走了。但怪兽一如既往地演唱,过后才公布这个悲伤的消息。

我长大了,少年成熟了。

我变了很多,他们也变了很多。

很多人都想改变世界,而他们因为改变自己而改变了很多人。

再次挥起荧光棒,青春末时,眼泪一下子夺眶而出。为什么会流泪呢?也许这就是难以回望、难以告别的青春模样吧。

"少年回头望,笑我还不快跟上",少年是你喜欢了很久、熠熠生辉的那个偶像,也是你遗失了很久、意气风发的那个自己。

2017年,五月天再次踏上征途,"人生无限公司"巡回演唱会正式开启。

高雄演唱会上,必应创造的舞台让所有人在梦中城堡里徜徉,美到无法言喻,我突然想起那首《好好》:

想把你写成一首歌

想养一只猫

想要回到每个场景

拨慢每只表

我们在小孩和大人的转角

盖一座城堡

"你们带了故事来，希望可以带着勇气走。"相信很多人都愿意如他们所愿，一起唱到八十岁。

五月天"7号公园初次登场，是那个三月"。

2017年3月29日，他们带着歌迷们重返大安森林公园免费开唱。

"有星空、音乐还有你们，这样就够了。打开任意门，回到7号公园音乐台。坐上时光机，回到1997年3月29日。"

能超越五月天的，只有五月天；能让时间回到过去的人，也只有五月天。

五月天在《自传》这张专辑里，留了一首19秒的空白——《what's your story》，这无声的旋转，是留给每个人的，谱写自己的故事。

演唱会上，我在鸟巢的看台上俯瞰了整个舞台，在那温柔的光束里，我再一次看到阿信的身影。对着我们相隔的空气，想要一个久违的拥抱。我们和时光耳鬓厮磨，却仍然阻挡不住它急促的脚步。

北京的夜空已经看不到几颗星星了，每次抬起头都有点难过。

阿信说："你们曾经有在失眠的夜晚，仰望着夜空，数着星星吗？如果没有，我想邀请你们和我一起做这件事情。现场的灯全部关掉，现在请你往左看，往右看，往后看。在北京的夜空下，有着十万颗充满故事、充满生命、充满爱的星星。每一颗星星里面，都有一个名字，那是你。我知道，是你们一直陪着我。"

多浪漫的一个人啊。

有时候我常常怀疑，这个人是不是能走进我们的记忆，否则为什么我们想要的安慰，他通通知晓呢？

即使我不是唯一的观众，可能够体验一次被赋予梦想成真的幸福，拥有片刻星空，是幸运的吧，是幸福的吧。

其实，每次看演唱会，我都会偷偷回顾一下自己的变化。

令自己欣慰的是，如今的状态，越来越明确自己想要什么。

离偶像的距离似乎没有更近一步，因为对于他们来说，我仍是无名小卒。可对于自己，每多一位读者，就是一步成长。

如今我也不会像学生时代那样，总是戴着耳机听歌，歌单里也不都是五月天了。但他依旧是我不灭的光，是会让我哭着嘴角上扬的温暖。

如果有幸我的文字也可以成为你的温暖、你的光，我真的是很开心的。

迷茫是常态,不要那么着急。因为我迷茫的时间不比你们少。年少有为固然很好,但也有大把的人是大器晚成。

主唱大人,你看,我也在一天一天地变好呀。下一次再见,我会变得更好一点。

大概就是因为这一成不变的勇气,陪我走过千山万水、春夏秋冬。很高兴我的故事,未完待续,因为我还在等你。